图书在版编目（CIP）数据
华北传统单檐歇山建筑大木结构体系演变 / 戴俭，陈梦杰著 .
上海：同济大学出版社，2021.3
ISBN 978-7-5608-9654-0
Ⅰ . ①华… Ⅱ . ①戴… ②陈… Ⅲ . ①古建筑—木结构—结构体系—研究—华北地区 Ⅳ . ① TU366.2
中国版本图书馆 CIP 数据核字（2021）第 044319 号

华北传统单檐歇山建筑大木结构体系演变

著　　作　戴　俭　陈梦杰
责任编辑　陈立群　（clq8384@126.com）
装帧设计　景嵘院设计咨询有限公司
电脑制作　朱丹天
责任校对　徐春莲

出版发行　同济大学出版社 www.tongjipress.com.cn
（地址：上海市四平路 1239 号　邮编：200092　电话：021-65985622）
经　　销　全国各地新华书店
印　　刷　上海锦良印刷厂
成品规格　170mm × 213mm　160 面
字　　数　160 000
版　　次　2021 年 3 月第 1 版　　2021 年 3 月第 1 次印刷
书　　号　ISBN 978-7-5608-9654-0
定　　价　68.00 元

华北传统单檐歇山建筑大木结构体系演变

戴　俭　陈梦杰　著

同济大学出版社

序　言

歇山建筑是中国传统建筑中结构和建造工艺较为复杂的建筑类型，了解该建筑类型及其历史演变对于充分认知中国传统建筑具有重要意义。应该说，学术界关于歇山建筑已做过许多研究，本书的研究特点首先是在时间脉络上注重歇山建筑梁架体系和节点形式的细节差别与变化的梳理，其次是将这些珍贵的实物遗存与现存的两部与建造相关的“文法”：宋《营造法式》、清《工程做法》相结合进行互证和体系化研究，从而更加准确地把握歇山建筑的体系及其演变特征。

中国幅员辽阔，现存古代建筑时间跨度大，类型丰富多样，本书试图将研究对象的时间范畴放在宋辽与明清之际，地域范畴重点落在我国的华北地区，这里的华北地区主要是指今山西大部、河南中北部、河北大部及北京等地区。其原因首先是因为该地区目前地上歇山建筑的遗存最为集中，且保存较为完好；其次就是这片区域与宋《营造法式》和清《工程做法》的颁布地河南开封和北京，有一种内在的关联性。为保证研究对象的普遍性、代表性和可靠性，对研究对象的选择采取了两个步骤。第一步，首先针对国家文物局公布的山西 530 处、河南 419 处、河北 286 处、北京 153 处的全国重点文物保护单位（单位数随时间还会有变化），筛选出保存完整度较高的单檐歇山建筑。第二步，对歇山建筑年代的选择上，依据相关论文、书籍等，对有关建筑年代的断代进行归纳、整理，筛选出属于宋至金、明清的代表性歇山建筑。全书共分为五个章节：

第一章通过壁画、画卷等早期文物、书籍中涉及的歇山建筑，从建筑的形制、礼制制度、外观形象等方面进行了分析和梳理，对歇山建筑的发展进行了简要概述。

第二章通过与《营造法式》和《工程做法》两部“文法”与现存歇山建筑平面的做法对比，总结出现存实物中更多的平面布局形式和做法的变化，从平面的角度深化对歇山建筑的认识。

第三章结合《营造法式》和《工程做法》两部“文法”，重点讨论了宋、金与明、清时期建筑的纵、横梁架结构的特点，梳理了早晚期歇山建筑结构的连续性和构件搭接方式以及早晚期的变化。

第四章重点针对歇山建筑中主要构件的构造做法进行了相关分析和总结，通过建筑中的角梁、踩步金、顺趴梁、翼角椽子的类比发现了早晚期歇山建筑体系的承继关系，以及早晚期的山面构架做法和受力方式上不同时代的独创性。

第五章主要研究了歇山建筑中斗栱的作用。对斗栱及构件的起源、分类进行了探究。通过研究斗栱在早晚期建筑中所起的作用探讨了斗栱早、晚期用材变化的原因。

本书难免还有不足，但实证与文法对比的研究使我们对歇山建筑，尤其是梁架构造体系、构造节点以及其沿时间脉络的变化有了更清晰的了解，对认知歇山建筑和进一步开展深入研究都将是一次有益的尝试。

（北京工业大学城建学部建筑与城市规划学院
北京市历史建筑保护工程技术研究中心）

目　录

第一章 歇山建筑概述

一、歇山建筑发展简述

歇山建筑的起源非常悠久，梁思成等前辈们对歇山的定义为：两披悬山顶周围以披檐而构成[1]。以此为定义的话，最早的歇山屋顶的意向形式应早在新石器晚期就已出现[2]，屋脊长度超过披檐长度，两山披厦（图 1–1）。从现代出土的大量汉代明器、石刻、砖雕中，我们可以看出歇山建筑变得越来越普遍，也越来越流行。此时歇山建筑形象已经发生了很大变化，正脊变短，垂脊已经可以明显看出，且位于屋面之上。四条戗脊平直，仅在戗脊头部做起翘，戗脊尾部则与垂脊头部相交，屋檐平直，没有起翘，也没有后期的老、仔角梁等（图 1–2）。而到了唐宋时期，歇山建筑进一步发展，现在遗存的大量唐、宋、金时期的建筑，其中大部分都为歇山屋顶。此时的歇山建筑形象已经比较成熟，出檐深远，斗栱硕大，屋面坡度较为缓和，大气磅礴（图 1–3、图 1–4）。明清时期，木构建筑已经发展到了最后的高潮，也到了发展迟缓的境地，但是歇山屋顶却变得非常成熟，檐柱变高，室内空间变大，斗栱定型化。

---

① 王其亨．歇山沿革试析——探骊折扎之一 [J]. 古建园林技术，1991(01):29 ～ 32，64.

② 杨厚礼等．江西清江营盘里遗址发掘报告 [J]. 考古，1962(04):172 ～ 181，4 ～ 7. 原文如下：陶屋顶 1 件。似为陶屋的顶部 2 出于陶片堆中（即灶坑边）。上面呈悬山式顶，脊长 11.5 厘米，前坡存，后坡残佚，前坡檐口长 9.5 厘米。前后坡的中间有山花板封闭，上穿一圆孔。山花板下有一枋，材下构成一个斗状，斗口作方形，斗口以下似残佚。残高约 13 厘米。通体各部分饰小凹点组成的线纹、同心圆纹，三角形和长条形镂孔等。陶质为黄白色软泥质。看形制极似陶屋的顶部，但出土时与许多炊器和容器共存，作用不明。

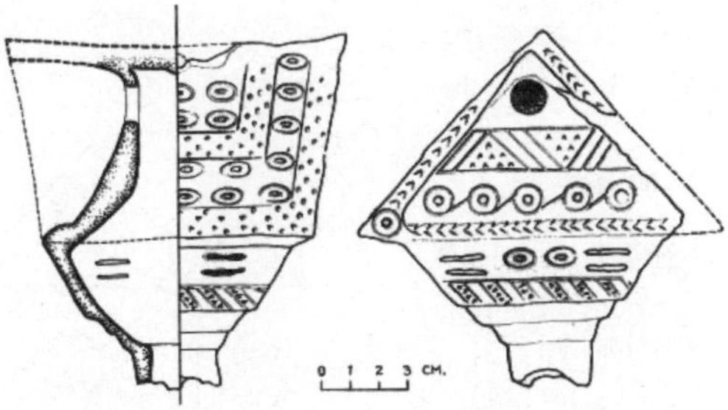

图 1-1　歇山陶屋顶

图 1-2　四川牧马山崖墓东汉明器

图 1-3　平顺天台庵大殿

图 1-4　地坛公园皇祇室

（图 1-1、图 1-2 来源：刘敦桢《中国古代建筑史》；图 1-3、图 1-4 自摄）

二、歇山建筑的形象分类

根据出土文物可以知道，歇山建筑出现时间很早。笔者根据历史上建筑样式出现时间的先后顺序，从建筑外观着手，把歇山建筑形象大致分为四种类型：原始型歇山、发展型歇山、定型型歇山和成熟型歇山。

1. 原始型歇山

此类歇山样式的出现距今有五千年之久，此时手工业和建筑技术极不发达，人们生活只满足于温饱，而此时歇山的样子则为两山面屋檐藏于倒梯形的坡屋面之下（图 1–5）。此时的歇山建筑仅仅是原始社会人能够造出来的兼顾居住、生活等简单用途的功能性用房，虽无美感，却最实用。虽然不似后期歇山的样式，但应为后来出现的歇山的鼻祖。

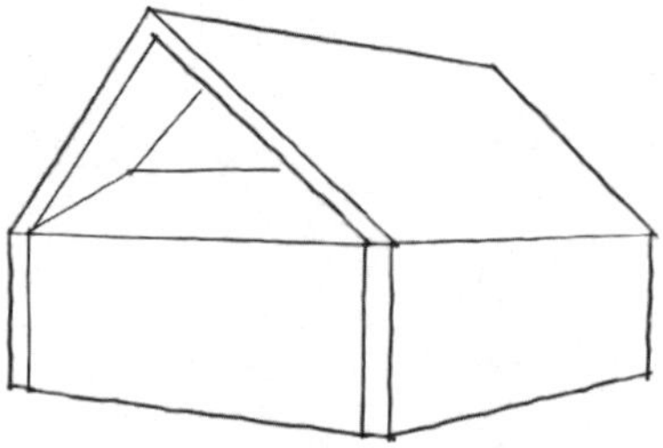

图 1–5　原始歇山想象图

图 1–6　五百强盗成佛图

（图 1–5 自绘，图 1–6 来源：《敦煌石窟全集》）

2. 发展型歇山

此类歇山建筑形象出现于南北朝的北周时期。《敦煌石窟全集·建筑画卷》中称为两段式歇山[①]。在敦煌壁画——五百强盗成佛图（图 1–6）中，歇山屋顶明显分为两部分，正脊、四条垂脊组成上半部分，而四条戗脊则构成了下半部分。萧默先生对此类建筑的描述更为准确：此式屋顶有两种画法，一种是屋面延续不分段，一种是屋面在上部悬山顶与下部庑殿顶的相接处作一次跌落成阶梯状，后种画法在北周 296 窟内甚多。此窟共绘屋顶 66 个，其中歇山式 35 个，呈阶梯状的就有 22 个。[②] 此种建筑类型还出现在同时期的日本法

① 敦煌研究院主编．敦煌石窟全集——建筑画卷 [M]. 北京：商务印书馆，2001.

② 向东．“行云却在行舟下，疑是湖中别有天”——中国古代建筑中庑殿与歇山之“等级”辨析 [J]. 建筑学报，2011(S2)：66 ～ 71.

隆寺玉虫厨子屋顶、四川汉阙屋顶及画像石中建筑屋顶。此时两段式的歇山形象和后期为人熟知的歇山样式并存，由此可见歇山屋顶的发展处于一个成长期。

3. 定型型歇山

此处主要是指《营造法式》中所记载的“厦两头造”和“九脊殿”。“凡厅堂若厦两头造，则两梢间用角梁转过两椽。亭榭之类转一椽，今亦用此制为殿阁者，俗谓之曹殿，又曰汉殿，亦曰九脊殿。”①从此处我们即可看出，厦两头造至少在《营造法式》问世之前就有此称呼，并且是从民间到官方都熟知的屋顶处理方法。而“今”“俗”则充分说明了，九脊殿这一称呼更像是从外表出发，更加通俗易懂，类似于官话和俗语的关系一样，虽名字不同，但指代相同。从现在保存下来的与《营造法式》成书年代相仿的建筑来看（图 1–7、图 1–8），此时的歇山建筑正脊进一步变短，没有山花板，从侧面就可以看到上金桁、脊榑悬鱼等构件。推测此时虽然歇山建筑已经有了长足进

图 1–7　北义城玉皇殿

图 1–8　平顺龙门寺大殿

（来源：图 1–7、图 1–8 自摄）

① 《梁思成全文集》（第七卷）中，阳马一章。

步，但因为檐柱等决定屋面高度的构件尺寸较小，使得室内比较低矮（在实际调研早期建筑的过程中发现大多数室内非常潮湿），为了通风、防潮的功能，故将构件裸露出来，增加空气流通。

4. 成熟型歇山

根据现存歇山样式，又可分为：假歇山，半歇山和真歇山。这三类歇山均出现于明清时期。

（1）假歇山①

虽有外表之形，却无内在之实。从外面看是成熟型歇山样式，但是内部却用硬山的构造手法。仅在两山面处做披檐，而转角处的角梁尾部则插入墙体，角梁头部搁置在角檐柱上部。如：南阳淅川香严寺大雄宝殿（图 1–9）。

（2）半歇山②

此类歇山正如名字一般，只有歇山的一半，即只有建筑的前半部分是歇山样式，后半部分则为硬山建筑。而在做法上也分两种：一种是歇山部分与后边的硬山部分有直接关系，即角梁与后边的金柱有搭接关系，另一种是歇山部分与后边的硬山部分不发生关系，将角梁尾部插入墙体，头部搁置在角檐柱上部。如：南阳玄妙观中的三清殿（图 1–10）。

图 1–9　南阳淅川香严寺大雄宝殿

（来源：图 1–9 选自 www.sogou.com）

①、② 张卓远，王歌．豫南歇山顶建筑二式 [J]. 古建园林技术，2011(02)：12 ～ 14.

图 1-10　南阳玄妙观三清殿

图 1-11　故宫翊坤宫

（来源：图 1-10、图 1-11 自摄）

（3）真歇山

真歇山即我们现在常见的以故宫歇山建筑为代表样式。区别于假歇山与半歇山，四角转角处均与内部梁架发生搭接关系，并且屋面不再分段。从外部看山面用山花、博缝板等密封，檐柱升高，建筑无论是从等级、色彩还是从面阔、开间来说都较早期建筑发生了巨大变化，并且随着明清时期森严的等级制度，真正意义上的歇山建筑也只有皇家、寺院等才能使用（图 1-11、图 1-12）。

图 1-12　皇穹宇东配殿

（图片来源：图 1-12 自摄）

三、歇山建筑的等级制度

俗语说：无规矩不成方圆。而规矩对封建王朝来说解释为等级则更为妥帖，“匹夫无罪怀璧其罪”[①] 就是这个道理，所处的等级就应该和拥有的财富相匹配。我国历代王朝以儒家学说治理天下，而儒学最注重礼乐教化。封建制度下的等级森严，同样也表现在建筑的方方面面，这样才能“尊卑有分，贵贱有别”。从周朝到隋朝这一时期，封建王朝为了体现建筑的等级制度，只是对建筑的面阔、进深，建筑的色彩、台阶尺寸、内部装饰及材料加工等方面进行了限制，而对建筑的屋顶样式并没有涉及。此时建筑并没有发展成一个定型的样式，建筑种类也没有后期那么丰富，所以通过规定屋顶样式来确定等级就有点多余，不如通过建筑的细部、尺寸等来规定，会更加明显，也可以理解为封建等级制度还没有达到一定程度。而从目前已知的资料看，唐代及其以后历朝历代都对歇山建筑的使用有明文规定，使得歇山屋顶也带上了政治色彩。

1. 唐朝关于歇山的等级制度

唐朝时通过二十七种《令》规定了人们方方面面的礼制，以区分“高低贵贱”。其中《营缮令》规定了人们生活中建筑的等级，对歇山建筑的使用也进行了规定。

家庙制度。《新唐书·卷十三》：庙之制，三品以上九架，厦两旁。三庙者五间，中为三室，左右厦一间，前后虚之，无重栱藻井；[②]《唐会要·卷十七》：三品以上不得过九架，并厦两头。其三室庙制，合造五间，其中三间隔为三室，两头各厦一间虚之，前后亦需之。[③]

① [春秋]左丘明.左传·桓公十年[M].广州：花城出版社，2019.
② [宋]宋祁，欧阳修.新唐书[M].北京：中华书局，1975.
③ [唐]唐会要[M].上海：上海古籍出版社，2012.

官员住宅。《唐会要》中收录的《营缮令》记载：三品以上，堂舍不得过五间九架，厅厦两头；门屋不得过三间五架。五品以上，堂舍不得过五间七架，厅厦两头；门屋不得过三间两架（下）。[①]《唐六典·卷二十三》：诸臣三品以上九架，五品以上七架，并厅厦两头；六品以下五架。其门舍：三品以上五架三间，五品以上三间两厦，六品以下及庶人一间两厦。[②]

庶人（百姓）住宅。《唐会要·卷三十一》：庶人所造堂舍，不得过三间四架；门屋一间两架。[③]《唐六典·卷二十三》：六品以下及庶人一间两厦。[④]

通过唐代典籍可以知道，在家庙这种祭祀类建筑中，三品以上官员可以用五间九架椽（但不能超过九架椽）的歇山，而两梢间必须是走廊型的空间，前后也要用走廊。而对于官员住宅，三品以上官员的厅堂和内室，不能用超过五间九架椽的歇山屋顶，门屋不能用超过三间五架椽的屋顶。四品到五品的官员住宅，厅堂和内室不能用超过五间七架椽的歇山屋顶，门屋不能用超过三间两架的歇山屋顶。而六品、七品官员与平民百姓的厅堂与内室不能用超过三间五架椽的悬山屋顶，门屋不能用超过一间两架的悬山屋顶。由此我们看出，歇山建筑只能是王公贵族以下五品以上官员才能使用的建筑，并要根据官阶高低限制建筑的规模。

2. 宋、辽、金时期关于歇山的等级制度

宋代颁布《天圣令》中的《营缮令》规范人们的衣食住行等级，《续资治通鉴长编》中对北宋汴京（开封）中的宫殿进行了描述。《宋史·卷一百五十四》中描述了

① ［唐］唐会要[M]. 上海：上海古籍出版社，2012.
② ［唐］李林甫 . 唐六典[M]. 北京：中华书局，2014.
③ ［唐］唐会要[M]. 上海：上海古籍出版社，2012.
④ ［唐］李林甫 . 唐六典[M]. 北京：中华书局，2014.

南宋的建筑规模，但并没有提及歇山建筑的等级制度。没有相关的资料记载金中都的歇山建筑，只是在《玫瑰集·卷一百十二》中对金中都的宫殿进行了概述。

宋《天圣令·营缮令第二十八》中提及："诸王公以下，舍屋不得施重栱藻井。三品以上不得过九架，五品以上不得过七架，并厅厦两头。六品以下不得过五架。其门舍，三品以上不得过五架三间，五品以上不得过三间两厦，六品以下及庶人不得过一间两厦。五品以上仍通作乌头大门。祖父舍宅及门，子孙虽荫尽，仍听依旧居住。诸公私第宅，皆不得起楼阁临视人家。"①

由此可知，宋代歇山的使用：三品以上官员的住宅不能用进深超过九架椽的歇山建筑，四、五品官员的住宅不能用进深超过七架椽的歇山建筑，六品以下官员及百姓的住宅不能用进深超过五架椽的建筑（不能用歇山建筑）。虽然对歇山建筑的礼制，文字记载并不多，但是我们可以从传世画作中发现许多信息。由张择端的《清明上河图》和赵黻《长江万里图》中可以看出（图 1-13，图 1-14），虽然宋代朝廷已经明

图 1-13　歇山样式一

图 1-14　歇山样式二

（图片来源：图 1-13 选自张择端《清明上河图》、图 1-14 选自赵黻《长江万里图》）

① [宋] 吕夷简 . 天圣令 [M]. 北京：国家图书馆出版社，2013.

确规定只有五品以上官员才能使用歇山屋顶建筑，但是在两幅画中的沿街店铺和山中住宅都是用的歇山屋顶，如果说深山老林中“礼制崩坏”，但是繁华的汴京城却出现不下十几座歇山建筑，由此可以推断；歇山建筑在宋代被大量使用，虽然官方出文对歇山的等级进行了限制，但是在实际生活中，却并没有那么严格的礼制要求。

3. 元、明、清时期关于歇山的等级制度

元代对歇山的等级并没有相应的文字性规定，从《南村辍耕录》中只能看出建筑面阔、进深、层数等的限制，并没有像唐宋一样规定歇山的等级制度。明代对百官及百姓都进行了礼制上的规定，记载于《明会典》和《明史》中，但更多是对建筑的尺寸、色彩等的规定。清代大量建筑制度典章沿用明代，颁布的《钦定大清会典》《清朝文献通考》上对皇亲国戚，下至黎民百姓住宅都有相关规定，从装饰、色彩、建筑尺寸等都进行了限制，可谓方方面面。

《明会典・卷六十二》记载了官员的住宅标准：洪武二十六年（1393）定制，官员营造房屋，不许歇山转角、重檐、重栱及绘藻井。惟楼居重檐不禁。[①]

清代规定建筑等级的相关书籍中并没有对屋顶的礼制等级明确规定，而《清会典》中也语焉不详，但是根据现存实物可以知道歇山建筑主要使用在皇家建筑（如：故宫中的大门、正殿，天坛的大殿、配殿等规格较高的建筑）、王府（必须是郡王及更高的爵位）的大门和大殿（孚王府大门、宁郡王府大殿等）、寺庙（广化寺大殿、文天祥祠享堂等）。随着社会、经济、政治的发展，歇山建筑在元、明、清三代，只有皇家建筑或者官府建筑才能使用，在普通民居中基本销声匿迹。

通过分析唐代到明清时期歇山建筑的使用，我们基本可以总结出一个规律：唐代，

---

① ［明］申时行．明会典[M]．北京：中华书局，1989.

图 1-15　广化寺大殿

图 1-16　孚王府大门

（图片来源：图 1-15、图 1-16 自摄）

歇山建筑允许官员使用，但是必须在五品及五品以上使用，并且为了区分官员大小，要在面阔和进深上进行限制。到了宋、辽、金时期，官方规定沿用了唐代的要求，六品及六品以下人员不能使用。但是在实际生活中，歇山的限制却并没有那么严格，平民百姓还是可以使用的。到了明清时期，中央集权加强，等级森严，也为歇山建筑穿上了神圣外衣，只有郡王以上的皇亲国戚和寺庙大殿才能使用，即使是同等级的身份地位，也要在颜色、装饰上分出高低贵贱。

四、歇山建筑在早期艺术作品中的形象

1. 绘画中歇山的形象

歇山建筑因其独特的建筑风格和优美的曲线形式，常常出现在古代绘画中。现在我们看到的绘画中，或多或少都会出现歇山建筑，并且也因为歇山建筑的加入，使得画面丰富了很多。

唐代，经济与文化非常繁荣，建筑营造技术也非常高超。并且此时画作中的建筑

图 1-17　唐朝歇山 1

图 1-18　唐朝歇山 2

图 1-19　唐朝歇山 3

图 1-20　唐朝歇山 4

（图片来源：图 1-17 选自《宫苑图》、图 1-18 ～图 1-20 选自《京畿瑞雪图纨扇》）

形象优美，提升了整幅画的艺术感。但遗憾的是，由于年代久远，再加上战乱频仍，使得传世唐代绘画少之又少。就连保存的故宫博物院中的《宫苑图》《京畿瑞雪图纨扇》等唐代建筑画作，通过文献查阅及资料分析，发现多为后世托伪或临摹，真迹几无可寻。因此在一定程度上讲，可信度大打折扣，故在此不做过多研究。

宋代，经济空前繁荣。正如陈寅恪先生所言：中国文化之演进，造极于赵宋之世[①]，因此流传后世的佳作也比较多。通过流传的画作可以看到，歇山建筑在画作中占有绝对的优势地位，并且歇山建筑形式也越来越丰富。其中最著名的就是北宋张择端的《清明上河图》。该幅画作具有超高的写实性，不仅描绘了汴梁街上热闹的景象，也让我们看到了北宋时期的歇山建筑形象。在《清明上河图》中共发现四类歇山建筑：①宋代歇山建筑 1（图 1–21）。该建筑通过将两个悬山建筑的屋脊进行十字交接，为了方便做买卖，且为了吸引人流，因此在悬山的基础上做披檐，最终在“无意”中形成了新形式的歇山建筑屋顶，并且从图中可以发现，为了方便排水，还设计了天沟。从该建筑起翘部位没有做戗脊的做法来看，披檐和建筑主体没有产生结构关系。并且在该建筑的北部（为了行文方便，以照片的上部作为建筑的北向，下同）可以看出仅有垂脊并无戗脊，依旧为悬山屋顶。这种做法有点类似于正定隆兴寺的摩尼殿，以中间歇山建筑为主体，四面出抱厦（歇山），形成龟头殿。②宋代歇山建筑 2（图 1–22）。该歇山建筑无明显的用叠瓦方法形成的正脊、戗脊、垂脊，并且也没有鸱

图 1–21　宋代歇山建筑 1

图 1–22　宋代歇山建筑 2

① 郭黛姮 . 中国古代建筑史第三卷 [M]. 北京：中国建筑工程出版社，2003.

图 1-23　宋代歇山建筑 3

图 1-24　宋代歇山建筑 4

（图片来源：图 1-21 ～图 1-24，张择端《清明上河图》）

吻等装饰性建筑构件，同宋代歇山建筑 3、4 属于同一类型。宋代歇山建筑 2 以山面作为店铺的主要出入口，上设凉棚以增加使用面积。从山面可以明显看到内部的梁架结构，合楷之上安装蜀柱，蜀柱上边安装有斗栱结构，上承脊檩，在脊檩左侧安装叉手形成三角结构，平衡了结构的稳定。③宋代歇山建筑 3（图 1-23）。该类型则有点类似于原始歇山的样式，正脊较长，山面的屋檐已经完全被前后两坡屋面所遮盖，从裸露的山花部分可以看出梁架内部的梁架形式跟宋代歇山建筑 2 中相同，唯一不同的是该建筑已经完全没有了垂脊和戗脊。④宋代歇山建筑 4（图 1-24）。该类歇山建筑进深三间，面阔两间，以南面的歇山山面作为主入口，建筑屋顶坡度非常缓和，梁架关系大致与宋代歇山建筑 2 相似，只是缺少了叉手。屋顶的组合形式为前后两坡稍微遮挡了两山面的披檐，这与我们看到现存的宋代遗构（如陵川北吉祥寺前殿等）非常相似。

金代建筑流传的佚名画本《江山行旅图》描述了几栋歇山建筑（图 2-25、图 2-26），但我们看到的是画家简化后的歇山建筑，斗栱只描绘出它的倒三角形状，并且柱头斗栱也不跟柱子相对应。由此我们可以推测，近代山水画中的建筑已经不似之前的画作

图 1-25　金代歇山建筑 1

图 1-26　金代歇山建筑 2

（图片来源：图 1-25、图 1-26，《江山行旅图》）

那么写实，建筑画重在达意，不在传神，并且已经变成了山水画的一种附属。

元代虽然是被游牧民族统治的年代，但是留下来的许多画作，同样也记录下了许多歇山建筑。唐子华的《山居说听图》、黄公望的《九峰雪霁图》、赵孟頫的《鹊华秋色》等。从画中可以看出，写实和写意并存。写实的画作：图 1–27 中歇山建筑形象与《清明上河图》中的建筑非常相像，两侧屋檐深入前后坡屋檐下边，无戗脊和垂脊，可以看到的内部梁架，蜀柱两侧没有叉手、合楷等构架。而在图 1–30 则可以看到楼阁的二层檐柱的柱径要比内部金柱的柱径小很多。戗脊没有直达角部，在角部的顶端安装脊兽，这与我们现在的建筑形象有所不同。歇山山面的悬鱼依旧存在，没有了惹草，应为延续宋代做法，前后坡的坡度十分陡峭。写意画作：图 1–28 中建筑形象比较简单，并且作为树林中的建筑做法也没有那么讲究，作者用写意手法进行了建筑的处理，推测可能只是因为青睐歇山建筑优美的造型。并且建筑处于树林中，也充分说明了，歇山建筑形象在百姓心中的地位。而图 1–29 中歇山建筑屋面并非大家知道的反宇形，此种做法推测有二：一是画家对建筑了解不够，故对反宇形建筑屋面有利于排水的做法不甚了解，但是在其画作《蜀道难》中，屋面均为反宇形式，故此该推测不成立。

图 1-27　元代歇山建筑 1

图 1-28　元代歇山建筑 2

图 1-29　元代歇山建 3

图 1-30　元代歇山建 4

（图片来源：图 1-27 截取自唐子华《山居说听图》、图 1-28 截取自黄公望《九峰雪霁图》、图 1-29 截取自赵孟頫《鹊华秋色》、图 1-30 截取自柯九思《江山楼阁图》）

二是元代这种建筑确实存在。通过山面可以看出叉手也是有一定弧度的，元代建筑加工较粗糙，百姓对弯曲材料的使用更加普遍，故此推测建筑应为自然的曲材，这样就扩大了室内的空间和空气流通量。丰富的歇山建筑形式，多变的画作处理手法，也充分说明了劳动人民和知识分子对歇山的喜爱。

明代在画中表现建筑的佳作越来越少，呈衰落状态。徐沁在《明画录》中表示：“有明以来，以此（指建筑画）擅长者益少，近人喜尚元笔，目界画都鄙为匠气，此派日就撕灭者。”① 由此可知相关建筑画传世佳作也变得非常少。而仇英的《汉宫春晓图》则为明代建筑画中传世佳作之一。在画中表现出来的歇山建筑已与我们后来所熟知的形象非常相似。从图 1–31 我们可以看出，歇山的垂脊的终点就是戗脊的起点，相较于垂兽的位置，这与现存建筑不同。二层檐下斗栱较为稀疏，并且柱头斗栱与柱头也不一一对应，二层仅在角部安装有柱子，而在两角檐柱之间并没有别的柱子，整幅画虽然整体形象类似现存的歇山建筑，但是建筑结构关系是明显错误的。图 1–32 处的山面位置山花板上绘有悬鱼与惹草的样子，可能是为了模仿宋代的装饰，但也仅在山花板上绘制而已。总的来说，明代的建筑画不似唐宋那样能很详细地传达建筑的细部，也仅仅只是类似于现存的歇山建筑。

清代，随着政权的稳定、国家的安定等多种因素，建筑画又出现了一个新的高潮。清代画家“记实”的画风为我们了解当时的歇山建筑留下了丰富的素材，尤以

图 1–31　明代歇山建筑 1

图 1–32　明代歇山建筑 2

（图片来源：图 1–31、图 1–32，《汉宫春晓图》）

① 刘娟 . 论清朝时期的建筑绘画 [D]. 福建师范大学，2005.

图 1–33　清代歇山建筑 1

图 1–34　清代歇山建筑 2

（来源：图 1–33 选自唐岱、沈源《方壶胜境图》，图 1–34 选自郎世宁《雍正十二月圆明园行乐图》）

焦秉贞、冷枚等一大批画家为代表，运用了西方的透视法，绘制建筑，不仅画面感强，而且保留了建筑信息的完整性。如唐岱、沈源绘制的《方壶胜境图》（图 1–33）、郎世宁绘制的《雍正十二月圆明园行乐图》（图 1–34）都详细而真实地记录了圆明园的景色，从图中可以看出歇山建筑与现在遗存的建筑十分相似，通过不同的色彩、层数表达建筑的等级。建筑屋脊平直，戗脊后尾交于垂脊的垂兽后部，与明代的两条脊相交于垂兽有了明显变化。歇山建筑檐下斗栱稠密，且出跳较多。歇山屋顶的样式和种类虽然不及唐宋时期表现出来的那么丰富，但是胜在建筑规整，建筑细节表现更为准确清晰。

2. 画像石、石窟壁画等中的建筑形象

歇山建筑除了在绘画中留下了信息外，也都曾在画像砖、壁画、明器中留下了身影，相对于绘画，传世量不大。主要原因可能是因为画作中除了建筑以外，还有风景、花鸟等，具有一定的欣赏性，故而多被藏家收藏，并小心保护，因此能够得以流传。并且早期画作多用宣纸、矿物质原料，因此可以保存很长时间。而像壁画，年代久了就会脱落、毁坏，不容易保存。并且明器、画像砖等具有一定的时代性和特殊性，画像砖汉代较多，但汉代以后基本没有这种形式的文物。而能够传递建筑信息的则以敦煌石窟的石刻和建筑壁画为首，故此将它们一并研究。

汉代：前文中已经提及，歇山的原始形象很早以前就已出现。直到汉代，才有了最完整的，也最接近现在人们熟知的歇山形象（图 1-2）。从图中我们可以看到，该歇山建筑屋顶分为上下两层，上部由悬山屋顶组成，正脊部分到两头略有起翘，垂脊在下端安装有类似垂兽的砖，并在此处与下层披檐的戗脊相交。下层披檐与上层悬山顶形成了一个台阶的对接。这一做法在日本的玉虫厨子歇山屋顶也有体现。不同的是戗脊和垂脊的交接方式，汉朝时两条脊相交，而日本的戗脊压在了垂脊（上层屋檐）之下（图 2-36）。该歇山建筑戗脊在角部出的起翘也分为两部分，后段起翘大于前段起翘。屋顶下部以平直的横木作为支撑，因此也导致整个屋顶檐口也是平直的。横木下边用一斗三升的斗栱，并且可以看出下边的柱子为梭柱样式。现在我们可以看到的歇山屋顶与之相似的还有东汉晚期的天回山 3 号崖墓石棺。

南北朝：现实中虽未留下该时期的建筑，但是敦煌壁画中关于歇山建筑形象却很多。从图 1-37 中可以看出此时建筑等级还没有那么明确，门楼庑殿顶，内部建筑为

图 1-35　四川牧马山崖墓东汉明器

图 1-36　日本玉虫厨子歇山屋顶

（来源：图 1-35 选自 www.sohu.com，图 1-36 选自 www.sohu.com）

歇山顶。该建筑坐落于台阶之上，建筑形象更像上部的悬山落在庑殿之上，而下部的庑殿建筑屋檐平直深远且看不到戗脊。建筑面阔一间，进深也为一间，建筑似乎为夯土墙，然后之上加屋檐。而在图 1–38 中展示的歇山建筑中，建筑垂脊、戗脊明显，但是戗脊并没有直达角部。墙体所展示也应为夯土墙，在墙体上绘制出柱子、腰枋等构件，檐口正中绘制上翻的障日板，推测这样做的原因可能有二：一是显示出佛高大的法相（根据佛的身形和建筑的比例判断），二是起到遮挡阳光的作用。图 1–39、图 1–40

图 1–37　莫高窟 285 窟南壁（西魏）

图 1–38　莫高窟 249 窟西坡（西魏）

图 1–39　莫高窟 296 窟南壁（北周）

图 1–40　莫高窟 296 窟南坡（北周）

（来源：图 1–37 ～图 1–40，敦煌研究院《敦煌石窟全集——建筑画卷》）

则为我们展示了两段式歇山顶，屋顶分为两部分，且没有戗脊，檐口平直，不起翘，这也体现了与汉代歇山建筑形象的一脉相承。

隋朝：经过隋文帝杨坚的努力，中国再一次实现了大一统。此时的歇山建筑正处于从不成熟到成熟的转折期，现存壁画印证了这一点。图 1–41 中运用了正投影法传达歇山建筑的信息。屋脊平直，没有起翘，且屋脊尾端超出了前后坡屋面，戗脊和垂脊并不相交，垂脊相对山花部分更靠近中间。檐下可以看到略微上翻的椽子，但是根据其平直的屋面，屋面应该不起翘，推测可能是为了表示内部有椽子排布，故意画出来的。人字栱和一斗三升排布在阑额之上（这与汉代已经明显不同，根据出土文物，汉代的梭柱承接斗栱，斗栱之上承接阑额，而阑额再承接屋面），阑额插在柱子之间，加强了柱与柱之间横向的连接，增强了稳定性，并且此时阑额在角柱处不出头。与之相似的还有莫高窟的 423 西顶和莫高窟的 423 西坡。图 1–42 中歇山建筑屋面已经出现反宇做法，但是屋脊和檐口依旧平直，檐下施加双层椽子在角部也不起翘，并且没有戗脊，在角檐柱处没有斗栱，从而导致角部不起翘。从山面看，有悬鱼装饰，在正

图 1–41　莫高窟 419 窟西顶（隋）

图 1–42　莫高窟 380 窟西壁（隋）

图 1-43　莫高窟 433 窟西顶（隋）

图 1-44　莫高窟 338 窟龛顶（唐）

（来源：图 1-41 ～图 1-44，敦煌研究院《敦煌石窟全集——建筑画卷》）

面可以看到有卷起来的帘子。并且檐柱也没有遵守后期所谓“柱高不越间之广”。图 1-43 中歇山建筑山花处可以看到内部的椽子，并且内凹较深。而檐下的人字栱排列紧密，与下部额枋形成了类似于现在桁架的铺作层，并且转角处已经出现转角铺作，斗栱呈 90° 相交。

唐代：唐先后经历了贞观之治、开元盛世，使得中国一度成为当时的世界超一流国家，迎来了万邦朝贺的局面，也使建筑迎来了发展的新高潮。从壁画就可看出歇山建筑样式的多样以及楼、阁还有单檐建筑中都使用歇山顶，说明歇山顶为世人深深喜爱，不仅随处出现在人们的生活中，在神仙的世界中也随处可见。图 1-44 中所展示的歇山建筑，面阔三间，进深两间，山花处内凹较深，戗脊起翘较高，但檐口平直，转角处却并不起翘。檐下用两层椽子（或因为是角度斜向上之故，所以檐椽和飞椽关系表示不是很明确），柱头上的阑额承接人字栱，人字栱承托枋木，其上再承托椽子。在檐柱之间施加了两层枋木进行连接，但是在角柱位置不出头，只是简单拉结。檐柱高度较高，超过了明间面阔，不似我们看到的佛光寺大殿的样子。图 1-45 是一幅详

图 1–45　莫高窟 445 北壁（唐）

图 1–46　榆林窟 25 南壁（唐）

（图 1–45、图 1–46，《敦煌石窟全集——建筑画卷》）

细描绘建筑结构的图。建筑为两层楼阁建筑，面阔三间，进深三间，二层楼上四角的老角梁后尾搁置在平梁上，前端则搁置在阑额上。因为平梁也是搁置在阑额上的，因此老角梁就形成了一个很缓的倾斜，而仔角梁在与老角梁搭接时是经过处理的，所以也形成了一定的角度，这也就使得屋面产生了起翘。平梁对应着前后檐柱的位置搁置，这样平梁既起到了梁的作用也起到了系头栿的作用，并且还承接了下平槫，在其中间安装了驼峰，再在上边安装栌斗承接脊檩，然后在平梁上安装叉手，稳定上部栌斗。图 1–46 展示了中晚唐时期的歇山建筑，此时的歇山建筑已经跟我们现在看到的南禅寺及后期宋代建筑非常接近，并且山花处内凹较深，围脊跟随着山花内凹的形式向里延伸。从山面看，并没有人字栱，而是用了扶壁栱。在柱头处用了两道额枋，以加强柱头联系。从建筑正面看，已经可以看到地袱，说明建筑此时除了加强柱头联系外，也重视柱脚处的联系。

宋、辽、金时期：此时的建筑壁画算是到达了最后一次巅峰，之后伴随着元朝的建立，建筑壁画也最终走向没落。从图 1–47 中我们可以看出该建筑类似于河北隆

图 1-47　榆林窟 3 北壁（西夏）

图 1-48　岩山寺金代壁画（金代）

（图片来源：图 1-47 选自《敦煌石窟全集——建筑画卷》，图 1-48 选自网络）

兴寺的摩尼殿，中间以两层歇山建筑作为主体，四周出抱厦。在该建筑中，屋檐平直在转角处并没有起翘，而其歇山屋顶分为两段，上部分屋檐非常陡峭，下部分则相对平缓，明显可以看出山花处的悬鱼和惹草。并且从正面的主体建筑看，歇山的上半部分超过了整个屋面的二分之一。屋面已经高大舒展。图 1-48 中歇山建筑形象与图 1-47 相似，建筑坡度较陡峭，但相对屋面则比较流畅自然，不似图 1-47 中建筑屋面转折那么突然，并且可以看到排山沟滴等瓦件的使用，在斗栱下边使用普拍枋，在柱头处相互搭接，长度超出柱头。在柱间施加两层阑额，角柱处不出头，阑额之间施加短柱连接。此图中反映出，此时歇山建筑不仅重视了横向连接，也加强了纵向力的传导。

元、明、清时期：元代统一全国以来，敦煌的建筑壁画数量急剧减少，并且壁画多以佛教的人物、符号等为题材。到了明代，敦煌石窟寺的营造和创作戛然而止。清代，莫高窟不仅没有继续营造，反而因为世人的无知对前人的壁画进行了破坏。

我们现在看到的明代歇山建筑（图 1–49）的壁画存在于太原多福寺师尊指生壁画中，此时的歇山建筑已是成熟的建筑。正脊平直，角部翘起，从山面看去依旧保留有早期歇山的样式，依旧有悬鱼作为装饰，在明清官式建筑中应为山花板作为封堵。而檐下斗栱中昂的形式非常夸张，纤细切弯曲度很大，也不似后期看到的那样排列紧密。柱头上平板枋的截面大于额枋截面，并且额枋在角柱处出头做成了霸王拳的样式。槛墙的砌筑方式也有所不同，在外部采用条砖横砌，而室内则是横砌和陡砌相结合。

图 1–49　太原多福寺师尊指生壁画（明）
（图片来源：https://www.mafengwo.cn/photo/poi/33605208_287274008.html）

五、本章小结

本章通过对歇山建筑的建筑形象、等级制度及艺术作品（绘画、壁画、明器）的样式进行了分析，从而梳理出歇山的建筑形象早在距今五千年的新石器时期就已存在，从目前所掌握的信息看，直到汉代才出现了与明清时期常见歇山建筑形象最为相似的明器。而汉代的歇山建筑，以梭柱承接斗栱，之上再承接额枋，再之上才是歇山屋顶，建筑形象比较简单。到了南北朝时期，通过敦煌壁画的遗存，我们可以看到歇山建筑样式也丰富起来。此时的建筑依旧没有等级区分。歇山建筑的戗脊和垂脊不是每栋建筑都有，戗脊没有直达角部。并且此时的屋面除了整体型，还有两段式的歇山屋顶。建筑的屋面都是直线型的，没有反宇屋面，檐口也是平直的。隋朝是歇山建筑的“转型期”，根据壁画分析：此时的歇山建筑，正脊平直，但是鸱吻、垂脊并没有位于正脊端部，而是稍微靠中间，而戗脊并不是每栋歇山建筑都有。已经出现了反宇屋面，但是也同时伴随着平直屋面。

屋檐下斗栱的大量使用及阑额位于柱头之上也在此时出现。檐柱高都要大于明间面阔。唐代的政治、经济、制度等非常完善，因此歇山建筑也披上了政治的外衣，有了等级制度之分，只有五品及以上官员才能使用歇山建筑。因此在现存壁画中所见到的歇山建筑多为富贵人家或寺庙才能使用。此时的歇山建筑屋面基本上是有弧度的，虽然部分建筑檐口依旧是平直状态，但是多数建筑屋角有起翘。山花内凹很深，说明脊檩出际较大。檐下人字栱的大量使用，在柱头处也加强了拉结，在柱脚处有地袱相连接，更加注重建筑横向的拉结，而叉手的使用也是运用了三角形的稳定原理，此时的建筑愈加注重科学性。难能可贵的是莫高窟 445 窟表现的建筑拆分图，直观地告诉了后人，唐代建筑起翘的原因及建筑的结构构成。宋辽金时期，多国势力相抗衡，但是在建筑方面却发展非常好，建筑类型层出不穷。虽然宋朝规定只有五品以上官员才能使用歇山，但是在民间却也不乏“变异”的歇山。如在北宋地区，世人为了摆脱礼制的束缚而不僭越，通过将悬山山面加上披檐形成歇山外形的样式，创造出了新形式的歇山建筑。而西夏和金代所绘建筑中，创造出来技艺精湛、营造手法复杂的龟头殿。建筑屋面更是明显分为两段，上半部分非常陡峭，下半部分则较舒展。并且此时的歇山建筑为了增强稳定性，普拍枋十字交叉连接，且使用了两层阑额，加强了纵向和横行的连接，受力也更加科学。元明清时期，无论绘画中还是在壁画中，歇山建筑形象和建筑的创造性上都受到了礼制限制，因此我们所能看到的歇山建筑也多为皇家建筑，并且只有贝子以上皇室宗亲才能使用。而且西洋建筑画法的传入使我们可以看到更多建筑细节，体会更多的建筑美。

通过对歇山建筑的分析，我国的歇山建筑体系一脉相承，多流发展，从各朝代的歇山建筑都能看到上一代建筑的造型、结构或受力上的延续和演变。

第二章 歇山建筑平面总结

一、《营造法式》中平面的分析

对于我国的木构建筑来说，最直观的体量描述就是“× × 间”，因此“间”这一名词就成了形容建筑体量的基本名词。殿阁类建筑因为具有明显的柱网层、铺作层、屋盖层，建筑平面布局较为固定，因此《营造法式・卷三十一》将殿阁建筑的平面进行了平面的绘制、分类，列出了四种平面：①单槽（面阔七间，副阶周匝，如图 2–1 所示）；②分心槽（面阔九间，无副阶周匝，如图 2–2 所示）；③双槽（面阔七间，副阶周匝，如图 2–3 所示）；④金厢枓底槽（面阔七间，副阶周匝，如图 2–4 所示）。根据材的等级分类，殿身九间或者七间要用一、二、三等材，《营造法式》中列出的四种殿阁建筑平面图应是非常雄伟、高大、重要的建筑，虽然现存遗构中并没有如此大体量的建筑，但是从隆兴寺的摩尼殿（金厢枓底槽）可以看出，建筑的等级应该非常高。

图 2–1　单槽平面图

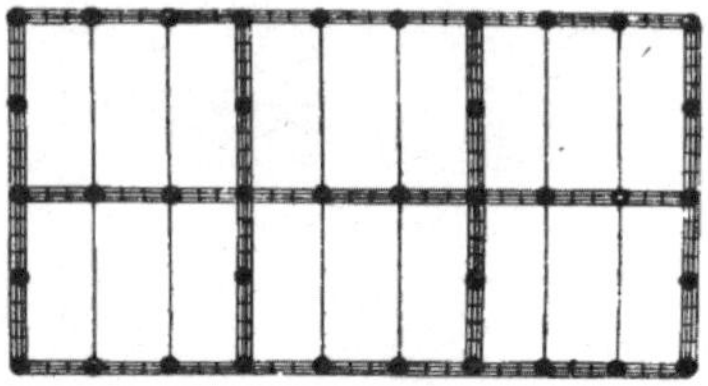

图 2–2　分心槽平面图

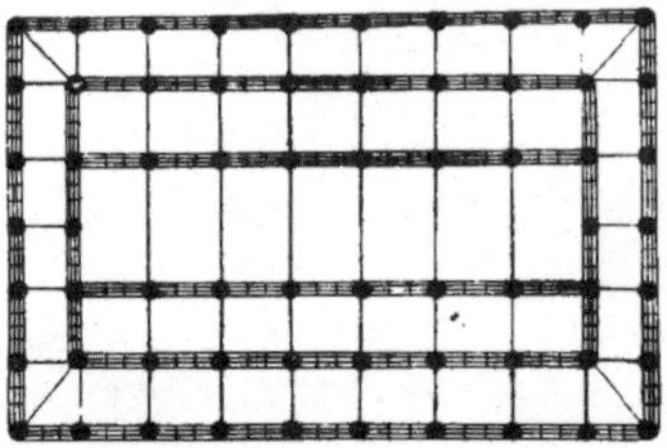

图 2–3　双槽平面图

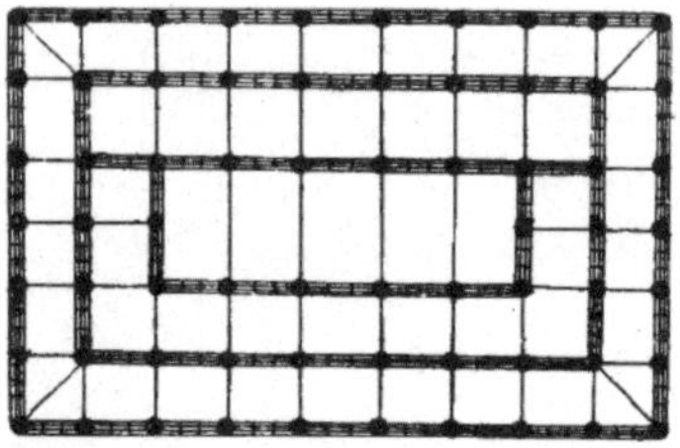

图 2–4　金厢枓底槽平面图

（图 2–1 ～图 2–4 图片来源：《营造法式》）

《营造法式》一书中并没有对厅堂类建筑平面进行归纳总结或列出相应图样，仅在书中列出了大量建筑剖面图，推测其原因可能是厅堂类建筑等级较低，且在实际建设中做法多变，无法统一归类，因此并不在书中作出规定。

二、现存宋代遗构中的平面分析

梁思成先生曾说道：在近代学者治学之道，首重证据，以实物为理论之后盾，俗谚所谓“百闻不如一见”，适合科学方法。[①] 因此通过对早期建筑进行实地调研，归纳总结可知：早期歇山建筑体量都不是很大，建筑平面与《营造法式》中所列出来的都不相同，建筑平面多方形或者接近方形为主，基本上可以分为六类：① 平面无内柱，② 殿身前檐内柱；③ 殿身后檐内柱；④ 金厢枓底槽；⑤ 移柱造；⑥ 满堂柱。

表 2–1　唐、宋、辽、金时期建筑平面类型

平面类型	平面无内柱	殿身前檐内柱	殿身后檐内柱	金厢枓底槽	移柱造	满堂柱
建筑平面	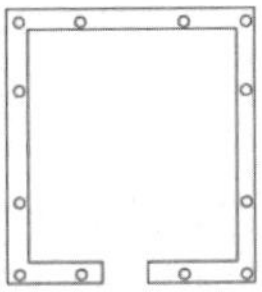	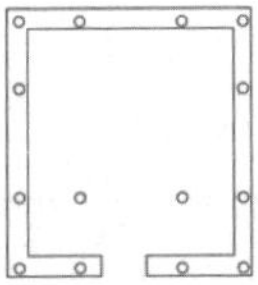	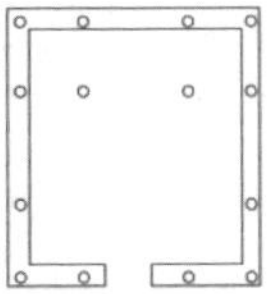	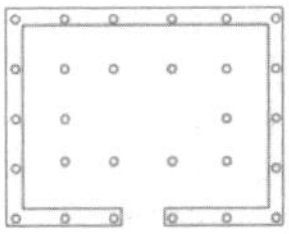	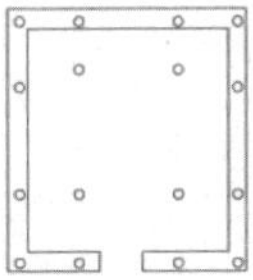	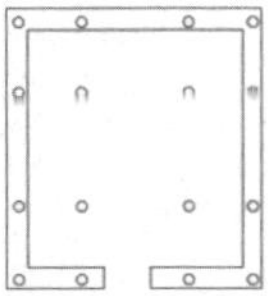

来源：根据实际调研归纳、总结自绘。

虽然《营造法式》中并没有给出具体建筑平面的数值或比例，但是现存建筑中却有非常清楚的建筑面阔开间尺寸，可以用来探究早期建筑的平面比例。表 2–2 列出了北方典型单檐歇山建筑的面阔、进深，比例关系和所属平面类型。

① 梁思成 . 蓟县独乐寺观音阁山门考 [M]. 中国营造学社汇刊 .1932.

表 2-2　唐、宋、辽、金时期单檐歇山建筑平面尺寸及比例（自制）

朝代	名称	时间	面阔尺寸（单位：米）	进深尺寸（单位：米）	比例	平面类型
唐	南禅寺大殿	782 年	11.79	10	1.18	1
	芮城广仁王庙	831 年	11.48	4.92	2.33	1
五代	平顺天台庵大殿	五代	7.08	7.08	1	1
	平顺大云院大佛殿	940 年	11.57	10.1	1.15	3
	平遥镇国寺万佛殿	963 年	11.57	10.77	1.07	1
	潞城原起寺大雄宝殿	五代	7.3	7.24	1	1
	长子小张碧云寺正殿	五代	10.26	8.12	1.26	3
	长子布村玉皇殿	五代	8.1	6.7	1.21	3
辽代	涞源阁院寺文殊殿	966 年	16	15.67	1.02	3
宋	高平崇明寺中佛殿	971 年	12.12	7.572	1.60	3
	济源济渎庙寝宫	973 年	20.8	8.24	2.52	1
	高平游仙寺毗卢殿	990–994 年	10.44	10.44	1	3
	榆次永寿寺雨花宫	1008 年	13.27	13.27	1	2
	长子崇庆寺千佛殿	1016 年	11.72	11.76	1	3
	高平开化寺大雄宝殿	1073 年	11.62	11.62	1	3
	泽州冶底岱庙天齐殿	1080 年	10.94	10.36	1.06	2
	泽州青莲寺释迎殿 [	1089 年	9.4	9.6	0.98	3
	忻州金洞寺转角殿	1093 年	8.96	8.96	1	6
	平顺龙门寺大雄宝殿	1098 年	8.96	8.96	1	3
	登封少林初祖庵大殿	1125 年	11.1	10.7	1.04	5
	陵川北吉祥寺前殿	北宋	16.3	13.52	1.21	3

续表

朝代	名称	时间	面阔尺寸（单位：米）	进深尺寸（单位：米）	比例	平面类型
金代	陵川龙岩寺过殿	1129 年	10.85	8.9	1.22	3
	陵川西溪二仙庙前殿	1142 年	8.75	8.52	1.02	2
	朔州崇福寺弥陀殿	1143 年	41.32	22.7	1.82	4
	繁峙岩山寺文殊殿	1158 年	14.98	11.89	1.25	5
	太原晋祠献殿	1168 年	12.3	7.4	1.66	1
	清徐清源文庙大成殿	1203 年	13.11	13.11	1	6
	阳城下交汤帝庙后殿	1210 年	10	9.5	1.05	2
	阳城下交汤帝庙拜殿	1211 年	9.1	7.25	1.26	1
	泽州冶底岱庙舞楼	金代	5.02	5.15	0.97	1
	沁县普照寺大殿	金代	11.58	10.6	1.09	3

来源：表中时间、尺寸等数据根据相关论文、资料归纳总结而得。

注：在平面类型一列中，为了避免重复和赘述，故此以表中的 1、2、3、4、5、6 分别对应着表 2–1 中对应的建筑平面类型 1、2、3、4、5、6。

通过归纳表中建筑尺寸数据和建筑平面类型分类，可以得知，遗存建筑中大多数的建筑平面布局是以殿身前檐内柱或殿身后檐内柱为主。而这些建筑多为一些佛家或道家的神像祭祀所用。其中殿身后檐内柱为佛家寺庙为主，主要是佛像背部后多带佛背光或设立观音等。因为在后檐内柱可以直接做墙体起到一定的支撑作用（图 2–5）。而殿身前檐内柱平面多为道家使用（图 2–6），因为道家神仙没有佛背光，故此将柱子设置在殿前则可增加神仙像周围空旷的空间。从统计数据看，此时期的平面类型较多，减柱造、移柱造、满堂柱造都存在，可以说百花齐放。而建筑面阔和进深比例多在 1∶1.00 ～ 1∶1.30，只有部分建筑比例达到了 1∶2.33、1∶2.52，但是这类面阔较大或进深较小的建筑属于少数。

图 2-5　原起寺大殿

图 2-6　汤帝庙后殿

（来源：图 2-5、图 2-6 自摄）

三、《工程做法》中平面的分析

王璞子先生在《工程做法注释》中写道：《工程做法》重在官工通行做法，编中示例以方正谨严为主，极少奇巧造作。方圆亭、垂花门以外，绝大多数属于长方形体，即由单间横向延伸多间形为一字横排的单体座①。在《工程做法》原书中共列举出了九檩歇山转角大木、七檩歇山转角大木、七檩三滴水歇山正楼大木、七檩重檐歇山角楼大木、七檩歇山箭楼大木、五檩歇山转角闸楼大木这六幅歇山建筑带斗栱的侧样图和不带斗栱的五檩川堂一幅。但是并没有画出建筑的平面图或者尺寸，但是对有斗栱的建筑，《工程做法》规定了：凡面阔、进深以斗栱攒数而定，每攒以斗口数十一份定宽……如面阔用平身斗科六攒，加两边柱头科各半攒……次间收分一攒……梢间同，或再收一攒，临期酌定②。书中把面阔和进深与斗栱的关系进行了联系，却并没有给出具体数据。

① 王璞子.《工程做法》注释[M]，北京：中国建筑工业出版社，1995.

② [清]工程做法[M].北京：化学工业出版社，2018.

四、明清建筑中平面的分析

《工程做法》是模仿《营造法式》所写的规定工料额限的，主要是起到控制预算和建筑尺寸之用，在实际使用中还要根据新建建筑重新编订新的则例。“以次数为鉴，对比明代建筑工艺技术，可以发现大部分是接续了明代做法，稍微改变”[①]。因此为了研究《工程做法》中关于平面的问题还是要对明清建筑进行平面分析。通过实地调研发现，现存单檐歇山建筑中建筑平面不似唐宋时期样式多，平面中柱网的排布主要有三种：① 满堂柱造；② 减柱造；③ 移柱造。

表 2-3　明清单檐歇山建筑平面尺寸及对比

年代	名称	时间（年）	面阔尺寸（米）	进深尺寸（米）	尺寸比例	面阔攒档（个）	进深攒档（个）	攒档比例	平面类型
明、清时期	地安门	1420	36.33	11.87	3.06	39	12	1∶3.25	1
	故宫东暖阁	1420	15.24	8.98	1.70	25	15	1∶1.67	1
	故宫景和门	1420	14.94	10	1.49	19	8	1∶2.38	1
	故宫文华门	1420	27.64	11.17	2.47	25	10	1∶2.50	1
	故宫武英殿	1420	28.78	11.4	2.52	25	10	1∶2.50	1
	故宫中左门	1420	20.04	7.25	2.76	25	9	1∶2.78	1
	社稷坛后殿	1420	33.64	6.5	5.18	27	11	1∶2.45	1

① 孙大章．中国古代建筑史·第五卷[M]. 北京：中国建筑工业出版社，2002.

续表

年代	名称	时间（年）	面阔尺寸（米）	进深尺寸（米）	尺寸比例	面阔攒档（个）	进深攒档（个）	攒档比例	平面类型
明、清时期	社稷坛前殿	1420	34.745	9.06	3.83	27	15	1 : 1.80	1
	太庙前配殿	1420	71.36	8.6	8.30	75	10	1 : 7.50	2
	太庙中配殿	1420	19.96	9.6	2.08	25	10	1 : 2.50	2
	天坛凝禧殿	1420	36.66	20.13	1.82	37	17	1 : 2.18	1
	祈年殿西配殿	1420	43.36	10.58	4.10	45	11	1 : 4.09	2
	先农坛拜殿	1420	46.7	14.76	3.16	41	11	1 : 3.73	2
	先农坛俱服殿	1420	23.24	10.48	2.22	25	11	1 : 2.27	2
	先农坛太岁殿	1420	46.69	21.17	2.21	41	19	1 : 2.16	1
	地坛皇祇室	1530	24.03	11.19	2.15	31	15	1 : 2.07	1
	月坛俱服殿	1535	14.82	10.52	1.41	19	13	1 : 1.46	1
	大高玄门	1542	12.65	5.86	2.16	17	7	1 : 2.43	3
	故宫协和门	1646	25.95	8.62	3.01	27	10	1 : 2.70	1
	故宫景运门	1655	27.34	11.48	2.38	35	14	1 : 2.50	2

续表

年代	名称	时间（年）	面阔尺寸（米）	进深尺寸（米）	尺寸比例	面阔攒档（个）	进深攒档（个）	攒档比例	平面类型
明、清时期	宁郡王府	1730	23.32	13.79	1.69	33	17	1：1.94	2
	故宫熙和门	1646	25.93	9.58	2.71	27	10	1：2.70	1
	清净化城塔大雄宝殿	1781	21.06	8.36	2.52	33	12	1：2.75	1
	昌陵宫门	1796—1803	19.93	9.06	2.20	23	10	1：2.30	1
	昌陵西配殿	1796–1803	25.3	8.7	2.91	39	13	1：3.00	2
	故宫武英殿	1869	32.1	18.62	1.72	33	19	1：1.74	1
	故宫昭德门	1889	20.2	12.47	1.62	25	14	1：1.79	1

来源：表中时间、尺寸等数据系根据相关论文、资料归纳总结而得。
注：平面类型一栏中的 1、2、3 分别对应了上文中柱网排布中的序号。

通过对表中数据和平面分析可以得出：明清时期单檐歇山建筑中柱网的排布主要以满堂柱造为主，而对一些祭祀类或功能类建筑用房则采用了减去前檐金柱或后檐金柱的做法，以取得更大的空间。对移柱造的使用则少之又少。根据《工程做法》所列出的歇山建筑，是以斗栱为基本模数，所以对单檐歇山建筑分别研究了面阔和进深的尺寸之比和攒档之比，从而得出：尺寸之比多分布在 1：2 ～ 1：3 之间，即面阔是进深的 2 倍或 3 倍之间，也有一个功能用房尺寸更大，但是建筑平面基本都为长方形。而从攒档之比看，建筑面阔和进深之比多在 1：1.7 ～ 1：2.7 之间，基本上与尺寸之比比例相似。并且通过对比单体建筑的尺寸之比和攒档数之比发现，同一个建筑相差不是很大或基本相同。

五、本章小结

《营造法式》和《工程做法》两本建筑典籍，总结了前人经验和民间做法，给匠人们在建筑设计上提供了蓝本，也为我们研究早期建筑提供了参照。通过对比现存建筑与书中做法，发现建筑类型和营造手法要比书上的种类更多。从建筑平面上看，早期建筑平面多用减柱造，较少用满堂柱造，明清时期则多用满堂柱造。前期多用减柱造的原因是为了营造更大的室内空间，并且在木料充足、用材硕大的情况下，能够承担上部荷载。而在明清时期，因为木料减少，没有硕大的木料，为了安全起见，只能使用满堂柱造以承接上部荷载。

第三章 整体梁架对比分析

歇山建筑以其优美的形象和历朝历代的发展已深入人心，无论是在书画中还是在现实生活中都能或多或少看到其身影。歇山建筑的发展分为官式和民间两派做法，但是官式和民间的交流却从来没有停止过，无论是《营造法式》还是《工程做法》，都是两派做法的结晶。研究歇山建筑，就必须从其“骨”开始，因为这是支撑建筑的根本，也是各派做法和技术的体现。在本章中将重点讨论歇山建筑横、纵架，进而对歇山的梁架结构进行分析、归纳。

一、纵架结构的分析

1.《营造法式》中纵架结构的分析

《营造法式》大木作制度中将建筑分为厅堂和殿堂，明确指出：殿堂建筑用一到三等材，而厅堂建筑用四到六等材。潘谷西、何建中在《〈营造法式〉解读》中对殿堂的解读是：等级最高的一类建筑，采用层叠式构架，用材等级较高，斗栱较复杂，构件用料大。而对于厅堂的解释则为：等级低于殿堂的一类房屋，采用混合整体式构架，用材等级较小，斗栱较简单，构件用料较小。在《营造法式》中对这两类建筑也分别列出了侧样图。

（1）《营造法式》中殿堂侧样总结

殿堂类建筑共给出了四种类型的建筑，在这四个侧样图中我们可以看出建筑内外柱子高度严格一致，而对斗栱而言，高度却并没有严格要求，如图 3–1 中内柱斗栱并不与外檐斗栱高度一致，但是在内檐斗栱之上加上了压槽枋后，使得内柱可以和外檐柱最外跳的厢栱一致，从而可以承托上部的椽栿。另外，因为殿堂类建筑可以有明显的斗栱的作用，上部荷载直接传递到下部椽栿上，而椽栿则直接跟下边的斗栱发生关系，因此上部脊槫的布置就自由多了（图 3–2）。上部槫均不必与下部的竖向承重构

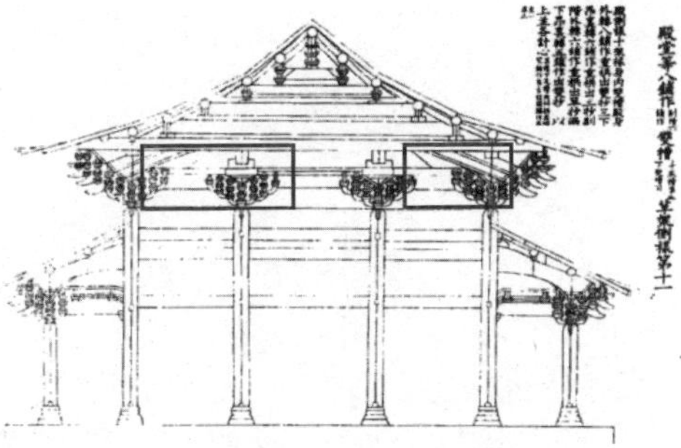

图 3-1　殿堂八铺作草架侧样

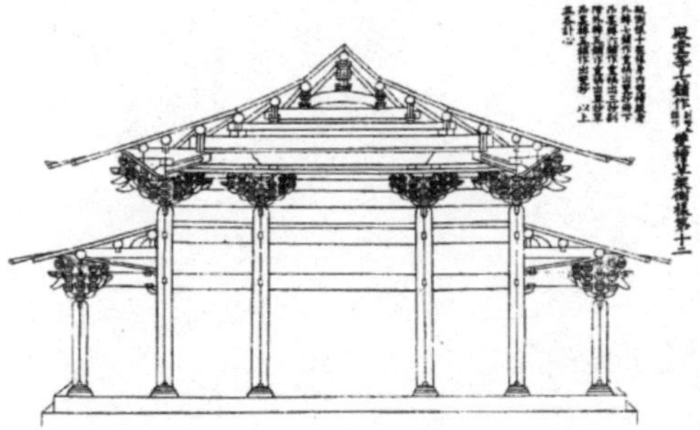

图 3-2　殿堂五铺作单槽草架侧样

（图片来源：图 3-1、图 3-2，《营造法式》）

件发生对应关系，这样力的传递形式就是一层一层往下传。由槫传递给下部的蜀柱和梁栿，而当力传到最下部时由一个最大的椽栿承接，而最终受力的椽栿则由竖向柱子支撑。然则柱子之间、梁栿之间都没有进行强有力拉结，在四张殿堂侧样图中，也只有两幅在柱子之间施加了枋进行连接。

（2）《营造法式》中厅堂侧样总结

《营造法式》总共绘制了 18 幅厅堂类建筑侧样，而侧样类型可分为六类：分心用三柱、前后 X 椽栿用四柱（此处 X 椽栿指代三椽栿、乳栿、箚牵）、分心前后乳栿用五柱、前后乳栿（或箚牵）用八柱、箚牵二椽栿用二柱、四（六）椽栿用两柱。虽然厅堂类建筑侧样图较多，室内用柱不尽相同，但是都有共性的特点：侧样中的梁架结构非常接近明、清时期的抬梁式结构。在侧样中力的传导变得直接，上部的槫与柱是垂直受力关系。而厅堂类建筑因为没有了上部硕大梁栿的重压，因此结构稳定就必须靠建筑构件直接相互拉结，使其保持完整性，从而达到力的平衡。侧样图 3-3、图 3-4 中 X 椽栿（三椽栿、乳栿、箚牵）在外是作为斗栱的一部分压在斗栱之上，而在内部则用透榫与内柱相连接。在梁内柱之间通过顺栿串连接，而顺栿串与 X 椽栿的关系也是相互叠压。而图 3-5、图 3-6 中 X 椽栿相交于内柱，通过穿销对接，并且

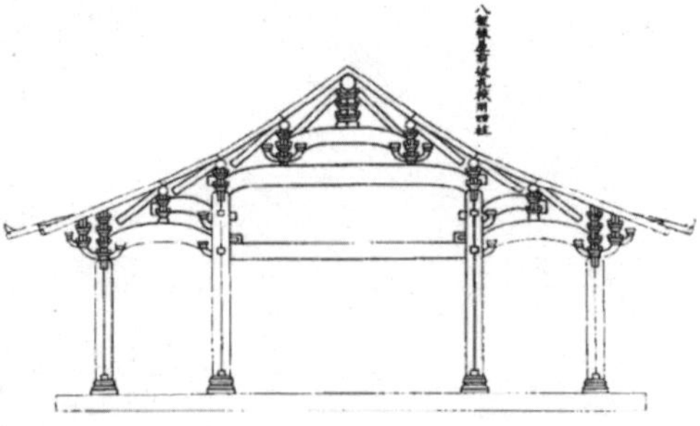

图 3-3　八架椽屋前后乳袱用四柱

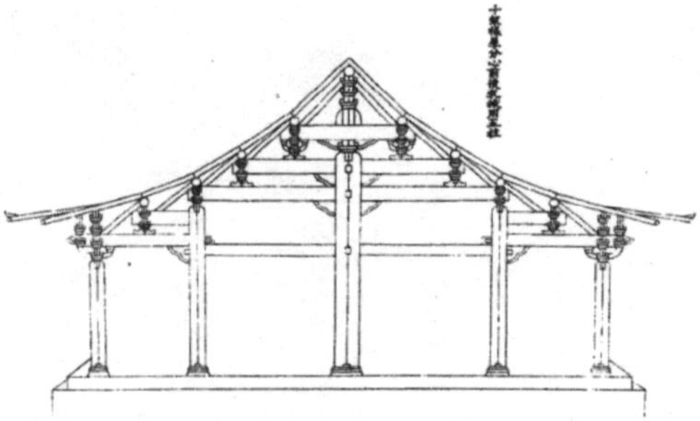

图 3-4　十架椽屋分心前后乳袱用五柱

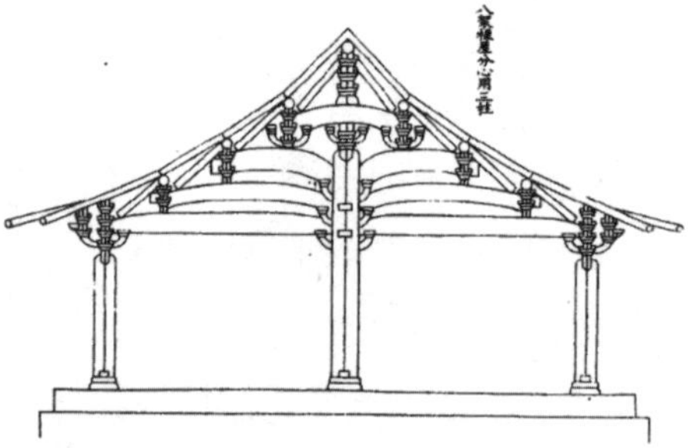

图 3-5　八架椽屋分心用三柱

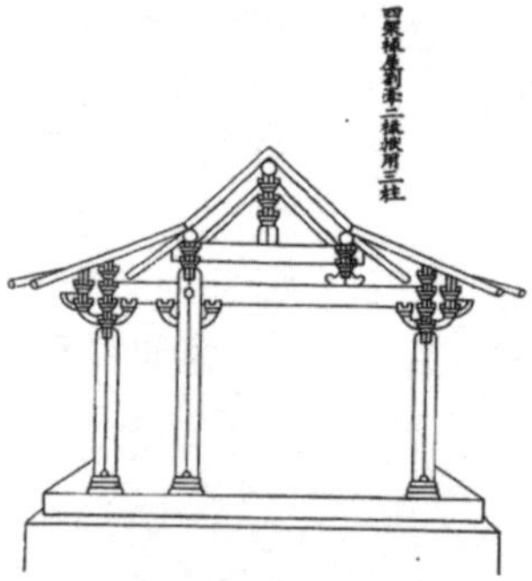

图 3-6　四架椽屋劄牵二椽栿用三柱

（来源：图 3-3 ～图 3-6 选自李诫《营造法式》）

内柱左右两侧椽栿高度和截面尺寸一致，并且出丁头栱承托梁栿。

2. 现存宋代遗构中纵架结构的分析

《营造法式》的颁布主要是规范费用、控制损耗之用，因此对建筑设计只是起了一个参考之用，故而我们在现实中看到的建筑能够跟《营造法式》中的侧样梁架完全对得上的可谓少之又少。

（1）现存宋代殿堂遗构纵架分析

在《营造法式》中殿堂类建筑最明显的特点就是内外柱同高，有很明显的柱网层、铺作层和屋盖、梁栿层，属于层叠式建筑[①]。但是对现存殿堂类建筑，从其剖面图看去，却并没有完全按照这个定义，可能只是为了能够和厅堂类建筑有一个明显并较大的区别而故意为之。通过实地调研，在此将那些类似于殿堂的建筑（内外柱虽不同高，但也是层叠式建筑）也归为殿堂类建筑进行讨论。

从现存殿堂类建筑中可以看出，绝大多数的建筑内柱要比檐柱高一到两铺作不等。而内柱的升高，使得室内空间变得空旷，并且像佛教建筑中内柱上铺作的减少也更有利于佛像和佛背光的塑造。并且由于内柱斗栱减少，使得梁栿传递给内柱的距离变小，力的传导更加直接，相对于内外柱同高的殿堂建筑（如佛光寺）东大殿更加稳定。

在梁栿的搭接方面：《营造法式》中梁栿都是按照平梁、四椽栿、六椽栿、八椽栿、十椽栿的顺序从上到下依次排列，并且蜀柱（或矮柱）只用于四椽栿和平梁之上。而在四、六椽栿之间多使用驼峰，而六椽栿、八椽栿、十椽栿相互之间则用非常矮的枋木。叉手和托脚的出现则是为了固定槫，防止晃动。斗栱上部承托的椽栿采用对接方式，三椽栿和四椽栿的高度一致。而在外檐和室内斗栱之间的椽栿在和斗栱搭接时，通常对梁头进行加工，使其成为斗栱中的某一个构件。但是这些在侧样中出现的搭接关系在遗构中却并不一致。在现存殿堂类（也包括内外柱不同高的殿堂类）遗构中，建筑多以减柱造通檐用三柱的形式出现。而上部梁栿结构并不是侧样中的层叠式，而是类似于连架式[②]+蜀柱的形式。如图 3–7、图 3–9 所示，在平梁之上施加合楷，上立蜀柱承接斗栱和捧节令栱，上承脊槫，蜀柱两侧用叉手构成三角形，形成稳定的结构，此处叉手的作用并不是用来稳定脊槫，而是插入大斗固定捧节令栱之用。图 3–9 中支撑平梁的蜀柱直接落于四椽栿上，又通过箚牵与下金槫相连接，增强了连贯性。而弥陀殿则通过在四椽栿上立驼峰承接平梁，再通过托脚与四椽栿形成三角形。而对乳袱

①、② 张十庆．从建构思维看古代建筑结构的类型与演化 [J]. 建筑师，2007(02):168 ～ 171.

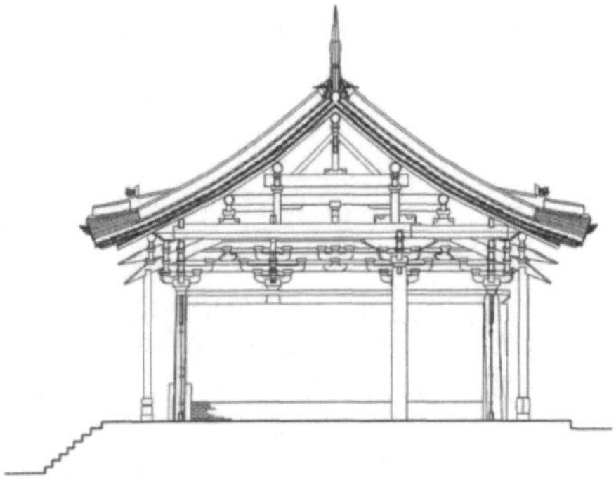

图 3-7　龙门寺大殿

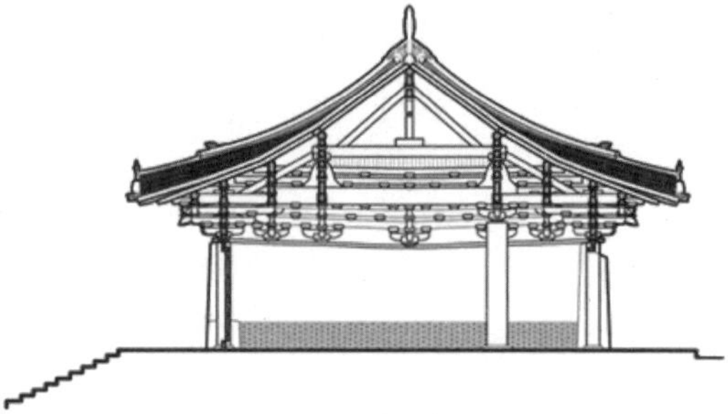

图 3-8　大云院弥陀殿

图 3-9　龙门寺大殿脊槫

图 3-10　龙门寺大殿内柱斗栱

（图 3-7 来源：刘畅《也谈平顺龙门寺大殿大木结构用尺与用材问题》，图 3-8 来源：北京工业大学测绘图，图 3-9、图 3-10 自摄）

和四椽栿的搭接也使用了对接形式（图 3-10），截面的高度明显的不一样，这与侧样中是不一样的。这也说明工匠在建造时灵活运用木材尺寸，避免了大材小用，在处理乳袱和四椽栿时根据实际材的截面，量材而为。

（2）现存宋代厅堂遗构纵架分析

厅堂类建筑在《营造法式》中给出的侧样最多，在现存遗构中数量也最多。我国保存的三座唐代建筑中，除了佛光寺为殿堂建筑外，其余两座均为厅堂建筑。通过研究壁画和画作，我们可以知道，在唐宋时期有大量殿堂建筑存在。除了战争等原因被毁坏以外，殿堂类建筑的受力方式也是导致其不易保存的原因，而厅堂类建筑的大量保存也从侧面说明了厅堂类建筑受力更加合理、结构性强，从而保存更加持久。根据遗存建筑大致可分为三类：① 无内柱；② 三柱六椽型；③ 其他类型（四柱八椽型或三柱四椽型等类型的建筑因数量较少，故将其列为一类进行讨论）。

① 无内柱　在现存建筑中建筑室内无内柱的情况较少，即使是保存早期建筑最多的晋东南也只有 8 处[①]，而在北方其他地区更少之又少。在歇山建筑中，除了距今最早的南禅寺大殿的脊槫没有用蜀柱外，其他建筑对脊槫的竖向传力都是通过蜀柱传到下部平梁。脊槫两侧用于支撑的构件是令栱或替木。而托脚的使用则并不像《营造法式》中那样支撑平槫而是为了支撑替木、令栱、栌斗。而承接上部的四椽栿一般对两侧端部进行砍杀，作为外檐斗栱的构件。整体来看，对通檐用两柱的建筑更加频繁地使用三角形这一形状作为建筑的几何图形，如图 3–11 ～图 3–14 所示。

② 三柱六椽型　建筑进深为三柱六椽的厅堂类建筑最多，《营造法式》中对此类建筑命名为六架椽屋乳袱对四椽栿用三柱。这三类建筑最大的区别就是在椽栿的搭接方式上。根据实际的四椽栿和乳袱搭接关系可以分为三类：a. 对接内柱。这种搭接方式如图 3–15 阁院寺文殊殿中所示，四椽栿和乳袱对接于内柱，这种做法与《营造法式》中的侧样非常相似，而文殊殿外檐斗栱的华栱后尾变长形成了乳袱的随梁与内柱相交，并且伸出柱子做成丁头栱形式，更增加了稳定性。在平梁、三椽栿、劄牵下边都有令栱变形形成的随梁辅助支撑，稳定性对比侧样来看更加稳定。托脚用来固定平槫，而叉手则用来固定脊槫下的替木。b. 压接（四椽栿压乳袱）。这种搭接方式如

① 孟超、刘妍在《晋东南歇山建筑的梁架做法综述与统计分析》中通过统计《中国文物地图集山西分册》中晋东南地区得到数据：不置内柱，梁栿通檐做法的建筑只有 8 座。

图 3-11　南禅寺大殿

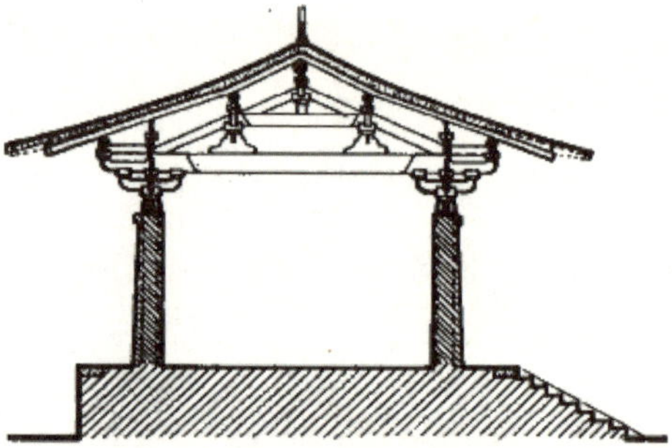

图 3-12　广仁王庙大殿

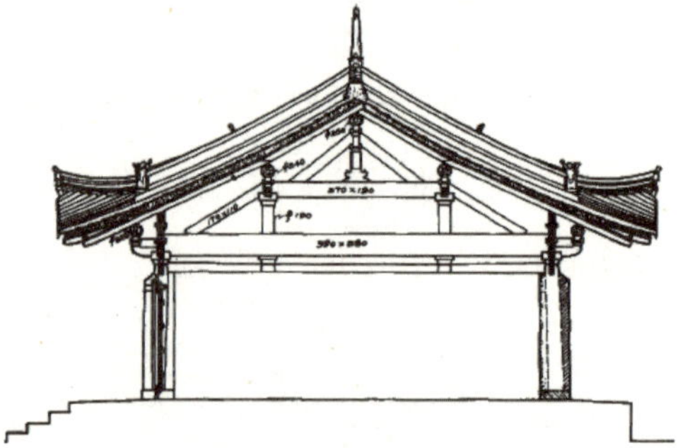

图 3-13　天台庵大殿

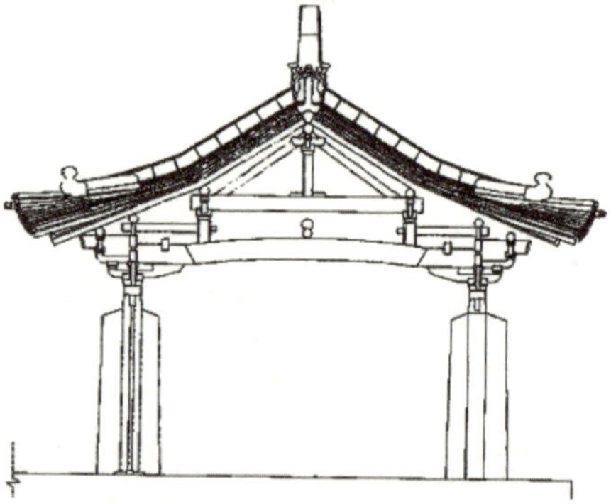

图 3-14　济读庙寝宫

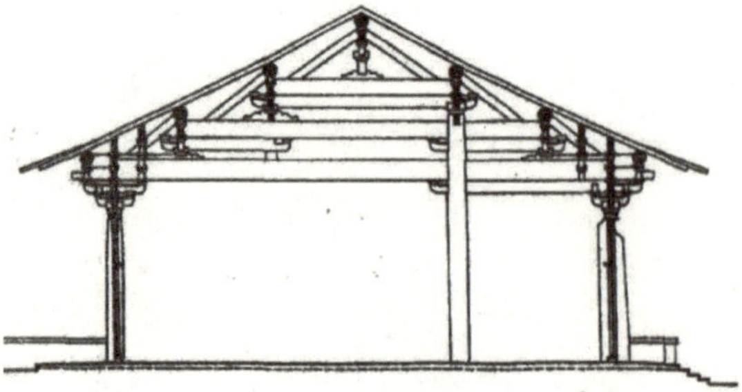

图 3-15　阁院寺文殊殿

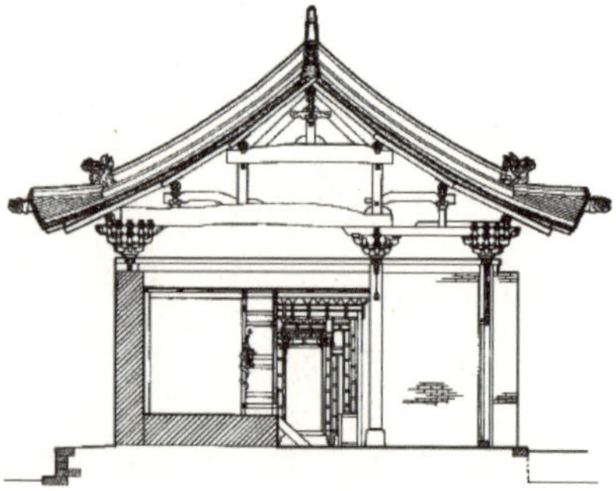

图 3-16　西溪二仙庙前殿

（来源：图 3-11，祁英涛《南禅寺大殿修复》；图 3-12，李百进《唐风建筑营造》；图 3-13，王春波《山西平顺晚唐建筑天台庵》；图 3-14，李震《济渎庙寝宫建筑研究》；图 3-15 选自李百进《唐风建筑营造》，图 3-16 选自李会智《山西陵川西溪真泽二仙庙》）

图 3–17　长子崔府君庙正殿

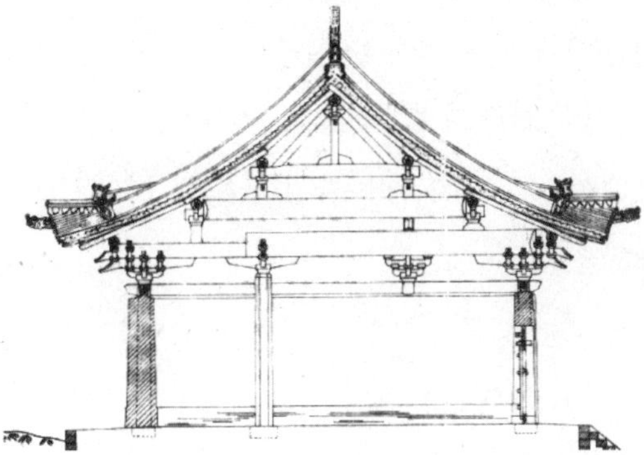

图 3–18　沁县普照寺大殿

（图 3–17 自摄，图 3–18 选自滑辰龙《沁县普照寺大殿勘察报告》）

图 3–16、图 3–17 所示，此类搭接方式的前提就是外檐的斗栱或柱子要比内柱高度或铺作高一铺作。四椽栿压在乳栿之上，下部由内柱及斗栱承接。四椽栿的另外一段压在外檐斗栱之上，而乳栿的另外一段则作为外檐斗栱的构件，将端部砍杀成为耍头或华栱等。四椽栿压在乳栿之上，增加相互间的摩擦力，比对接于内柱这种方式更加牢固。四椽栿之上安插蜀柱承接平梁，而箚牵则是一端承接下平槫一端插入蜀柱中。平梁之上再接蜀柱安装脊槫、丁华抹额栱等构件。通过调研还发现，采用压接方式的建筑，室内完全不用或很少使用绰幕枋支撑。推测原因有二：甲、因为压接增加了建筑的整体性和稳定性，没有必要使用；乙、因为压接使得室内使用托脚的空间变小，已经不能使用绰幕枋支撑；c. 相互对接。这种搭接方式如图 3–24 所示。四椽栿和乳栿“碰头”于内柱之上的斗栱，下边是檐柱承接栌斗，而栌斗承接替木，替木来承接四椽栿和乳栿。并且四椽栿的柱头越过内柱，与下部替木的接触面约为替木的四分之三，而乳栿接触面仅为四分之一，并且没有越过内柱中心线。故而应该是匠人考虑到四椽栿的重量远大于乳栿，下部应该有一个强有力并且相对直接的支撑点，这就体现出匠人

的智慧。四椽栿一端搁置在内柱上，另外一侧则通过砍杀“扣”在檐柱的斗栱上，并且檐柱的斗栱为了更多承接四椽栿，将斗栱的第一层下昂的后尾做成了压跳。而乳栿则是将端部做成了檐部斗栱的下昂，乳栿背部放置蜀柱与四椽栿上的驼峰承接上部的四椽栿。平梁上部用蜀柱承托栌斗、脊槫等构件。两侧安装叉手，叉手直接承托脊槫，防止脊槫移动。

（3）其他类型

厅堂建筑存在有进深有四柱八椽的（图 3–19），《营造法式》中称为八架椽屋前后乳栿用四柱。从其横断面看出，建筑构件的尺寸关系明显要比侧样图中小了很多。并且前后乳栿在和内柱交接时没有使用丁头栱，而是直接在内柱上开透榫进行连接，并且后檐墙上的斗栱更是将华栱的后尾延长与内柱连接。而托脚没有支撑平槫，而是用来支撑椽栿。也有用三柱四椽的（图 3–20），建筑结构侧样中所列样式都不一样。建筑采用三椽栿压接劄牵与殿前内柱之上。劄牵一端为外檐柱斗栱的华栱，另一端则是作为压跳承托三椽栿。而平梁的支撑则通过立于三椽栿上边的蜀柱作为支撑，并且平梁之上还采用了杠杆原理，在两侧分别挑出平槫。虽然建筑木材的加工等都较为粗糙，但是内部力学结构的使用却非常巧妙。

图 3–19　朔州崇福寺弥陀殿

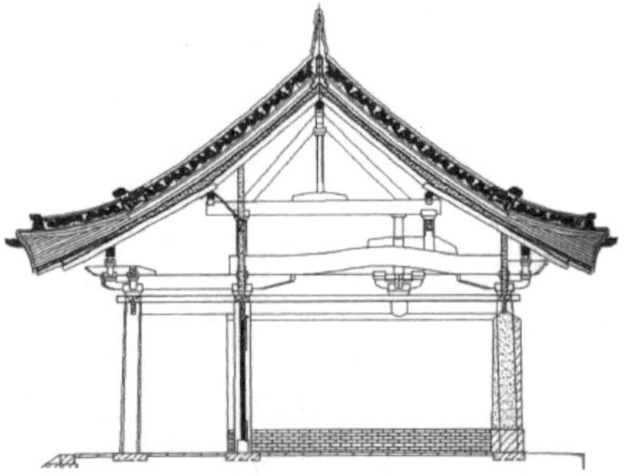

图 3–20　北义城玉皇庙玉皇殿

（来源：图 3–19 选自北京交大古建筑公众号，图 3–20 选自徐怡涛《山西长子慈林镇布村玉皇庙》）

3.《工程做法》中纵架结构的分析

在《工程做法》中共列出了七幅关于歇山建筑的侧样图，有单檐和多檐之分。其中单檐歇山有两种种类：九檩、七檩和五檩（无斗栱）。而多檐则有四种：七檩三滴水、七檩重檐角楼、七檩重檐箭楼和五檩歇山闸楼。根据建筑类型的名称，我们可以看出在列出的歇山建筑中五檩是等级最低且进深最小的。为了保证建筑对比的单一性（现存唐宋金建筑多为单檐歇山建筑），故在此仅讨论单檐歇山。

从《工程做法》中给出的侧样（图 3–21、图 3–22）可以看出，带斗栱的建筑依旧沿用了《营造法式》中殿堂类建筑层叠式的构造方法。建筑进深方向用六柱，结构层从上到下依次为三架梁、五架梁、七架梁、九架梁，梁架之间相互以瓜柱作为间隔，并且有明显的斗栱层和柱网层。柱网层直接以平板枋、额枋、随梁连接。相比于宋代殿堂建筑（图 3–23）省去了托脚和叉手。而不带斗栱的歇山侧样（图 3–24）建筑结构形式则非常简单，进深通檐两柱，从上到下结构依次为三架梁、五架梁，在檐柱部分明显可以看到檩、垫、枋三构件的出现，而在脊檩和金檩只能看到檩和垫板的组合。

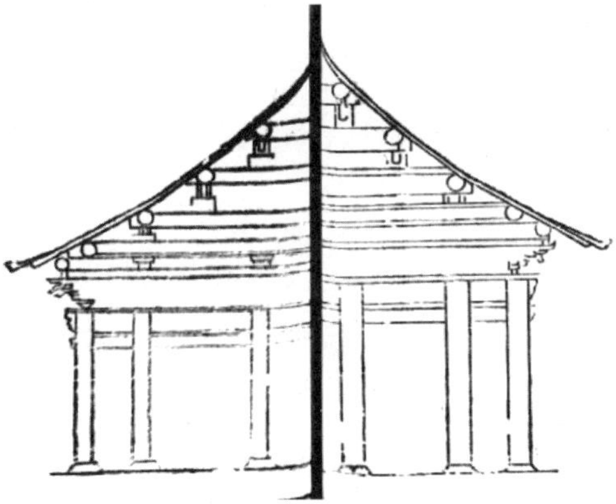

图 3–21　九檩歇山大木作

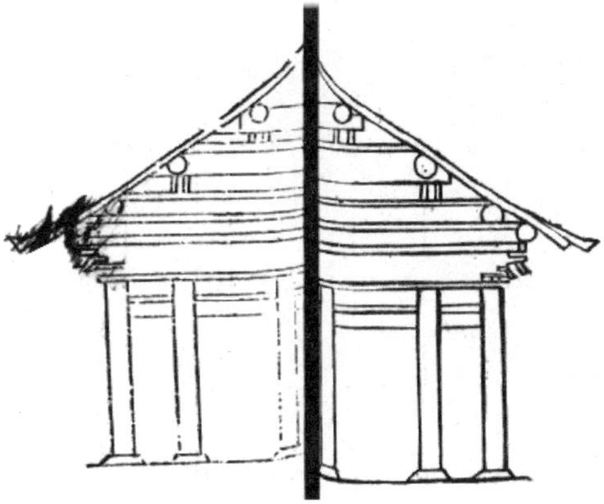

图 3–22　七檩歇山大木作

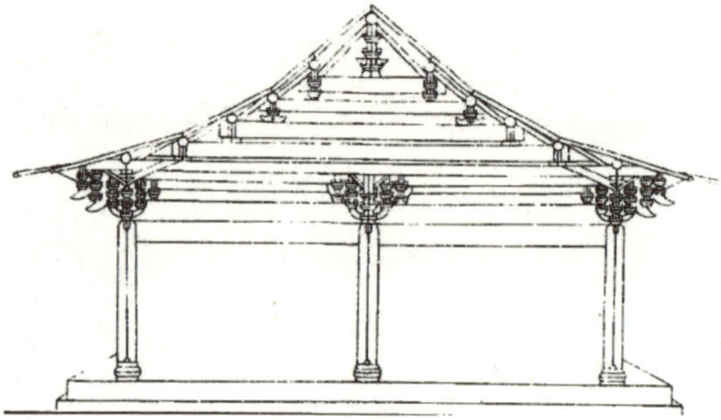

图 3-23　殿堂六铺作分心槽草架侧样

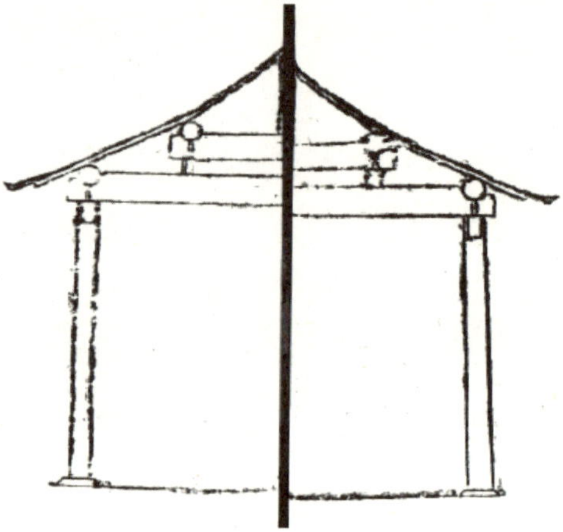

图 3-24　无檩歇山大木作（不带斗栱）

（图 3-21、图 3-22、图 3-24 选自《工程做法》，图 3-23 选自李诫《营造法式》）

4. 明、清建筑中纵架结构的分析

清代建筑大部分继承了明代的建筑做法，就连建筑师的传承也是如此。《工程做法注释》中提到：大木匠梁九师承冯巧，于明代万历、天启间即在内廷服役，与瓦作马天禄、李保等匠作高手于康熙年间两修天河店都亲予其服役①。我们现在看到的大多数建筑其实并不是跟《工程做法》中给出的侧样相对应，建筑无论样式还是种类都丰富了很多。另外明清时期殿堂、厅堂类建筑的概念也没有那么强烈，即使明清时期等级最高的太和殿，虽然也分为柱网层、铺作层和屋盖层，但是屋盖层却明显与唐宋时期的殿堂建筑不一样，梁架部分为层叠式结构。

通过实地调研发现，现存明清官式歇山建筑按照使用功能大致可分为两类：① 功能类用房；② 祭祀类用房。根据建筑用柱和檩的多少将它们的结构形式分为：① 三柱用 N 檩（N 檩指代的是九、七、五等，为了方便统一用 N 代表数字）；② 四柱

① 王璞子 . 工程做法注释 [M]，北京：中国建筑工业出版社，1995.

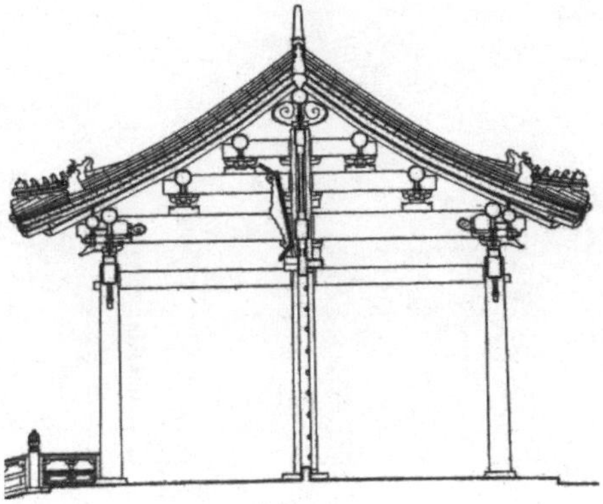

图 3-25　故宫右翼门

图 3-26　故宫右翼门照片

（来源：图 3-25 选自《北京城中轴线古建筑实测图集》，图 3-26 自摄）

用 *N* 檩；③ 五柱用 *N* 檩。在歇山建筑进深方向上建筑最大用五柱。

① 三柱用 *N* 檩　此类建筑多使用于大门类建筑中，大门安装在中柱上，并且该类建筑在故宫中出现较多。如图 3–25 所示，建筑最下层的三步梁一端做成桃尖梁样式压在檐柱斗栱上，成为斗栱构件的一部分，另外一端则插入中柱中。上部的单步梁、双步梁则一端承托金檩一端插入中柱，梁之间通过驼峰、斗栱间隔，而脊檩则用捧梁云固定。推测可能是因为门类建筑（图 3–26）人来往频率较高，故此使用捧梁云，一来固定了脊檩，二则加强了装饰。在檐柱与金柱使用穿插枋，穿插枋出榫头加强了拉结关系。在山面位置，柱子和阑额通过榫卯连接，阑额出头部分做成霸王拳样式，进一步加强了建筑整体性。除了门类建筑外，如图 3–27 中的太庙前配殿，山面上看是进深四柱，但是建筑在室内省去了后金柱，扩大了建筑室内的使用空间。外檐柱的桃尖梁插入金柱，一侧则经过砍削成为外檐斗栱的构件。而与之相对的七架椽两者的底皮标高和梁的高度相同，并没有像山西地区的建筑一样，因为构件称重不同而使用不同截面木材，没有做到量材而行。上部梁架更像是宋代的层叠式架构，梁与梁间隔

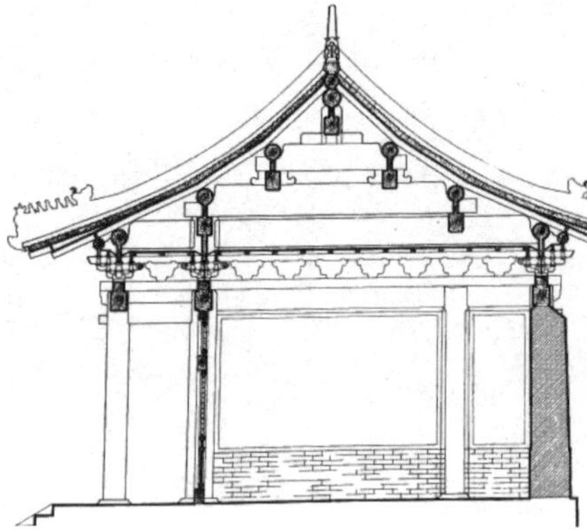

图 3-27　太庙前配殿

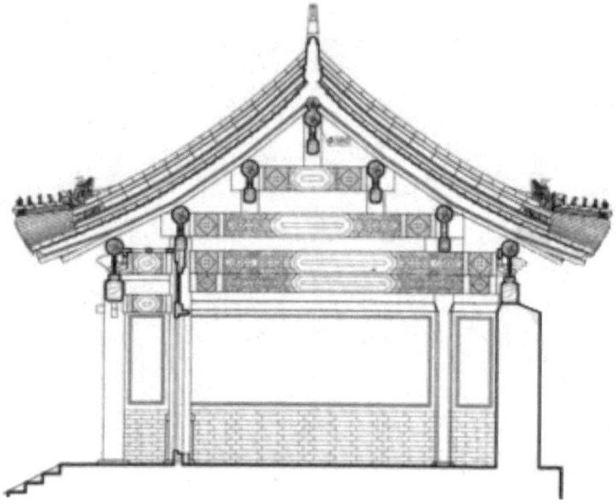

图 3-28　昌陵西配殿

（来源：图 3-27 选自《北京城中轴线古建筑实测图集》，图 3-28 选自王贵祥《中国古建筑测绘十年》）

很小。建筑中均使用了檩、垫、枋三构件，明显加强了纵向拉结。此类建筑作为配殿等辅助性用房，一般作为主体建筑的左右配殿或东西配殿使用，类似建筑还有祈年殿东西配殿、昌陵西配殿等建筑（图 3-28）。

② 四柱用 *N* 檩　在此类建筑中，建筑多为寺庙、宫殿等体量较大、等级较高的建筑中。在此类歇山建筑中，建筑前檐或做成廊子或加大金柱与檐柱之间的距离，进一步加大室内空间。图 3-29 的建筑在五架梁之上是明显的抬梁式结构，瓜柱承接三架梁，三架梁承接蜀柱，而蜀柱只以角背或坨墩固定，有些建筑甚至不用，而是通过榫卯连接。前后檐柱与内部金柱则通过檐部斗栱的挑尖梁、穿插枋与金柱连接，并且在金柱处做透榫，更加强了联系。因凝禧殿进深达 18.72 米，而脊檩到室内地面高度达 12 米，因此为了增强金柱间的连接和五架梁的支撑力，所以在金柱之间又增加了一道随梁枋，并且在随梁枋之上设立两根蜀柱。此种做法并没有在西黄寺（图 3-30）大雄宝殿中使用，因为其进深 8.36 米，高 8.05 米，无论进深还是高度都不能与凝禧殿相比。然而在这两处建筑中都出现了檩、垫、枋构件，这也说明古人用不同的处理

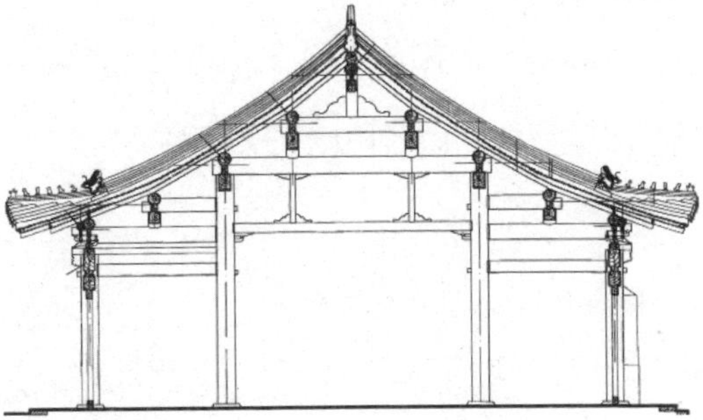

图 3-29　神乐署凝禧殿

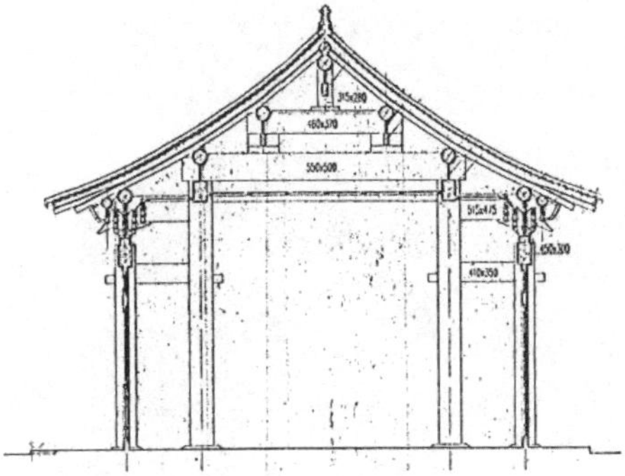

图 3-30　西黄寺大雄宝殿

（来源：图 3-29、3-30 选自北京市古代建筑研究所）

手法对待不同体量的建筑，以达到建筑的平衡，但是一些基本处理手法还是通用的。

③ 五柱用 *N* 檩　此类建筑相对其他种类建筑数量较少，其中门类建筑不仅要承担通道的功能，还要承担值班人员的休憩功能，故此门类建筑也具有房间的功能。如图 3-31、图 3-32 所示，以中柱直接承接脊檩，将建筑进深方向的空间划分为前后两部分。金柱与中柱之间以三步梁、双步梁和单步梁连接，两头一侧承接金檩，另外一侧则插入中柱，梁之间的上下连接以瓜柱和角背支撑。三步梁两头直接搁置在金柱上。

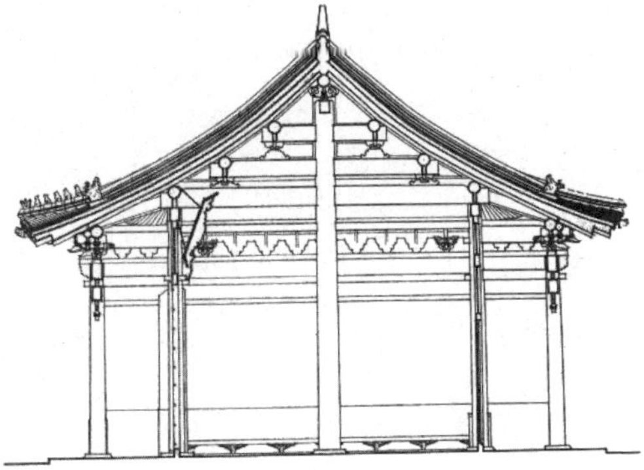

图 3-31　故宫后右门

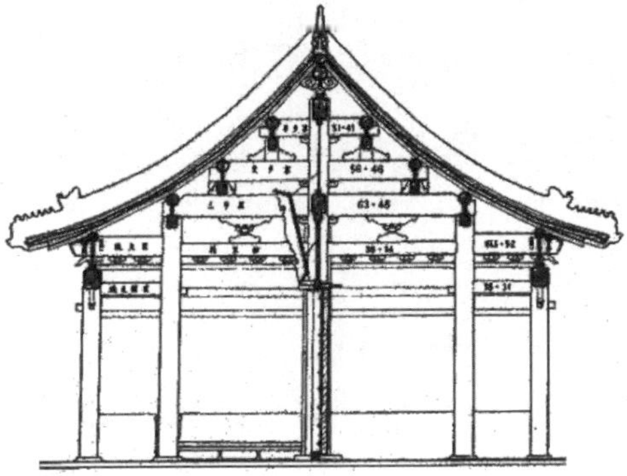

图 3-32　故宫－昭德门

（来源：图 3-31、图 3-32 选自《北京城中轴线古建筑实测图集》）

而在图 3-32 中三步梁之下还设立了跨空枋和搁架科斗栱进行支撑，如此设立的原因是金柱和中柱高度过高，且两者间距离太远，这样可以增加稳定性。檐柱与金柱则通过桃尖梁和穿插枋与金柱连接，穿插枋将榫头伸出檐柱，而后尾则插入金柱。

二、横架结构的分析

1.《营造法式》中横架结构的分析

《营造法式》作为经典的建筑著作，在后世流传过程中，不断被后人抄阅、再刊。因此在后世流传了四个版本[①]。曹雪在《襻间考》[②]一文中对出现的四个版本的横架结构（图 3-33 ～图 3-36）的真实性、原真性进行了相关论述，认为故宫版的增加结构与现存遗构一致性最高，可信度也最高。并且通过对比《梁思成全集·第七卷》中的大木作制度图样二十三中，发现其也是采用了故宫版本的图，而其他三个版本与故宫版相比，缺少了众多相关信息。因此本节笔者采用故宫版的横架结构进行研究。

从《营造法式》中对纵架的上下层联系上可以看出，在脊槫下部以替木、慢栱、令栱和栌斗构成的斗栱承接，慢栱处的襻间和瓜子栱的襻间分别处于不同的间架和高度上，隔间相闪。在上平槫之下，相比于脊槫之下则少了慢栱，只施用了替木、令栱和栌斗，下接蜀柱。襻间与令栱连接，并且也是隔间相闪。在中平槫的下部施以替木、令栱和栌斗，但是并没有使用襻间。而在下平槫下边则使用两层替木和栌斗，两层替木之间不用散斗相隔。下层替木加长与相邻下平槫的替木共同变成了襻间，并且也是

① 成丽．宋《营造法式》研究史初探 [D]. 天津大学，2010.

② 曹雪．襻间考 [D]. 天津大学，2012.

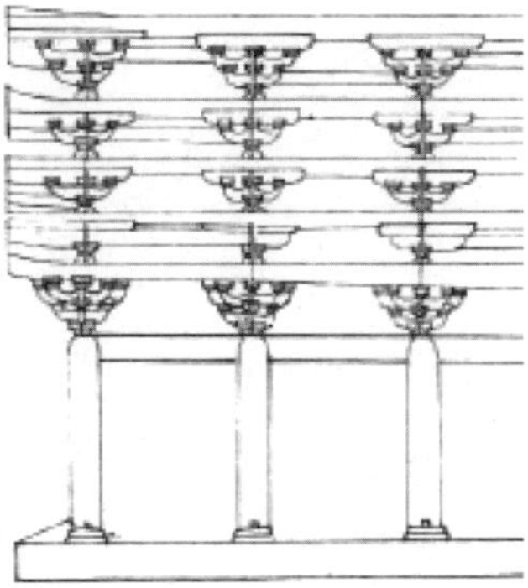

图 3-33　故宫版横架结构

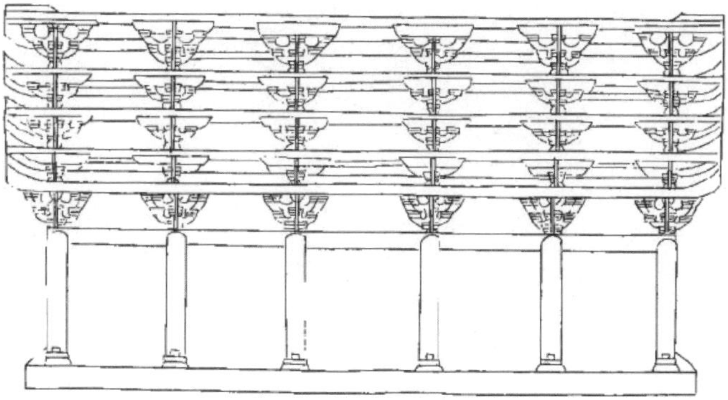

图 3-34　丁本版横架结构

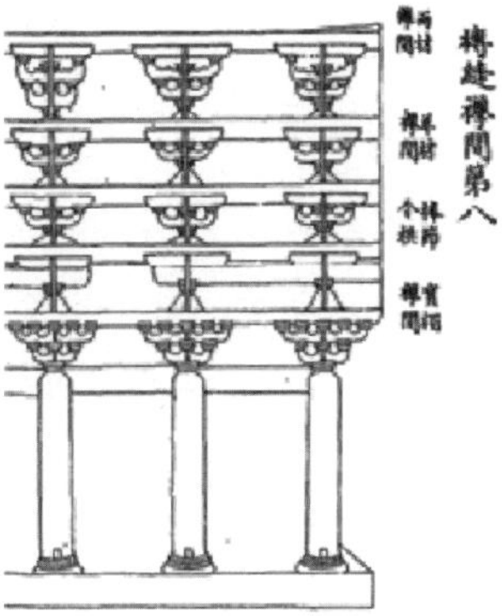

图 3-35　四库文渊阁本版横架结构

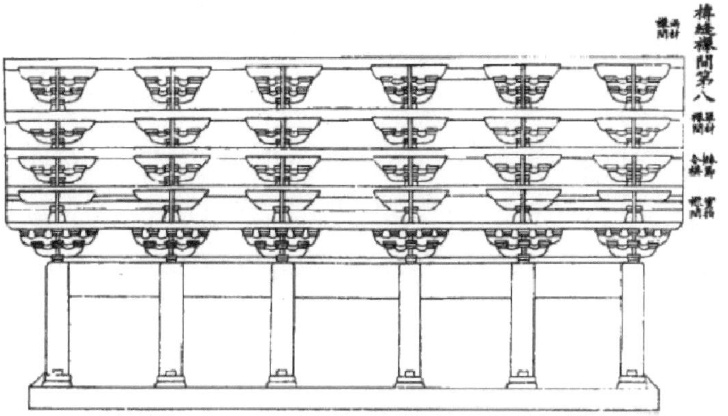

图 3-36　陶版横架结构

（来源：图 3-33 ～图 3-36 选自曹雪《襻间考》）

隔间相闪。从槫下部的支撑构件（如蜀柱、慢栱或替木等）的使用，可以看出，从脊槫到撩檐枋，建筑屋面的曲折愈发平缓，这是通过利用槫下部支撑构件高度和蜀柱或驼峰的高度来实现的。

2. 现存宋代遗构中横架结构的分析

槫作为建筑中的横向构件，不仅承担着椽子、灰背和瓦件的重量，也同样起着屋

图 3-37　麦积山石窟 015 窟内景

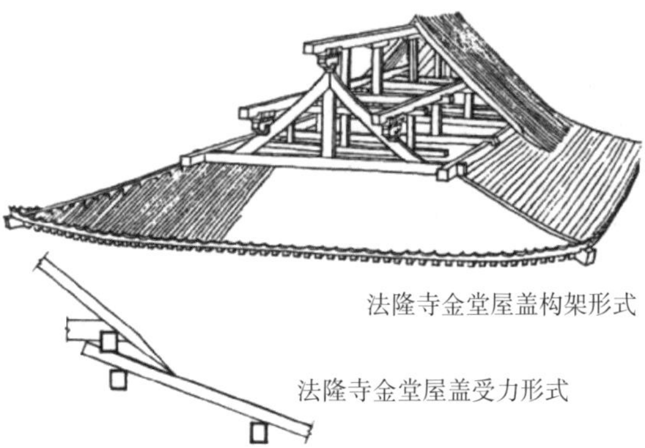

图 3-38　法隆寺金堂横架结构

（来源：图 3-37、图 3-38 选自曹雪《襻间考》）

面反宇形式的变化和转折的作用，更是将一榀榀构架连接起来的关键构件。因此，对槫的承接就显得尤为重要。但是唐宋以前没有实物可循，故此也没有办法对建筑横向构架的联系进行相关推测。目前来看，最早期的木构建筑应属于日本飞鸟时期的法隆寺金堂了，此时期正好对应的是我国的南北朝时期。通过图 3–37、图 3–38，我们可以看出，在早期建筑中，大叉手承接替木或栌斗、捧节令栱以支撑脊槫，并且替木和捧节令栱分开使用。

表 3–1、表 3–2 汇集了唐、五代、宋、辽、金时期横架结构图及照片。

表 3–1　唐、五代横架结构图及照片

时间	名称	横架结构	内部照片
唐（782）	南禅寺		

续表

时间	名称	横架结构	内部照片
唐（831）	广仁王庙	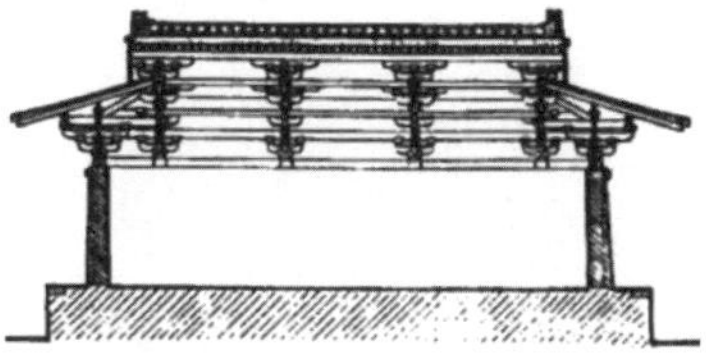	
五代	天台庵	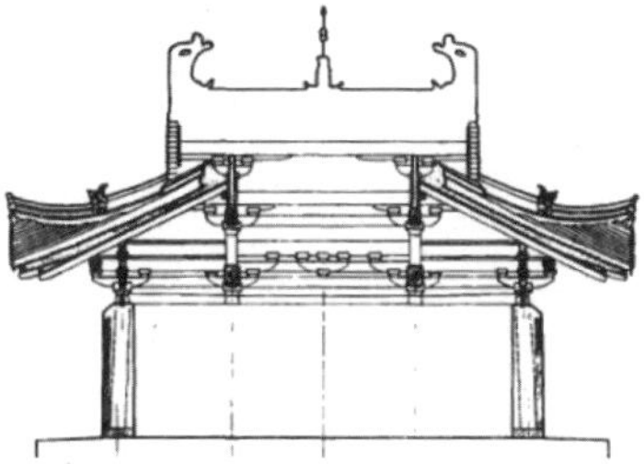	
后晋（940）	大云院弥陀殿	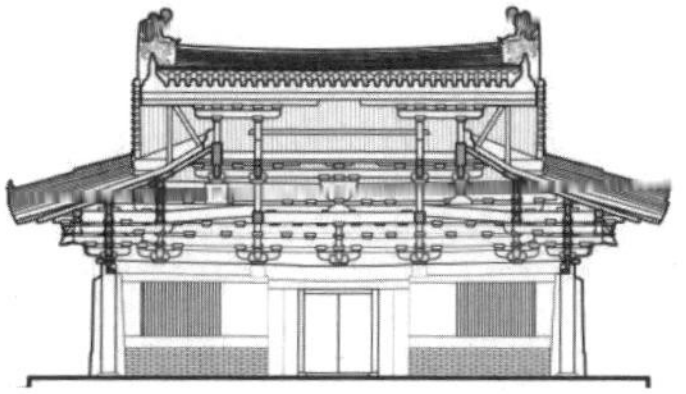	
五代	原起寺大殿	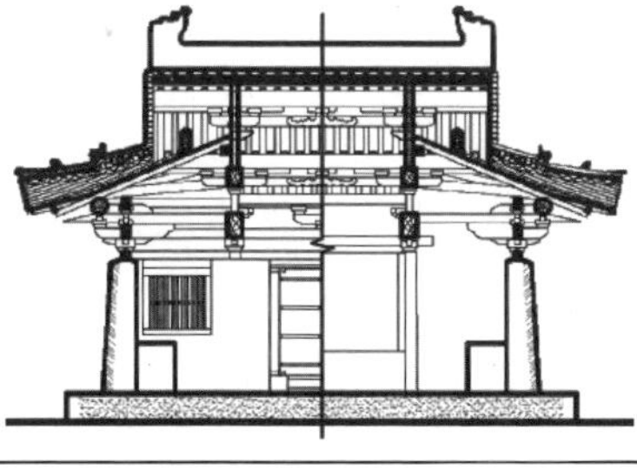	

续表

时间	名称	横架结构	内部照片
五代	长子小张碧云寺正殿	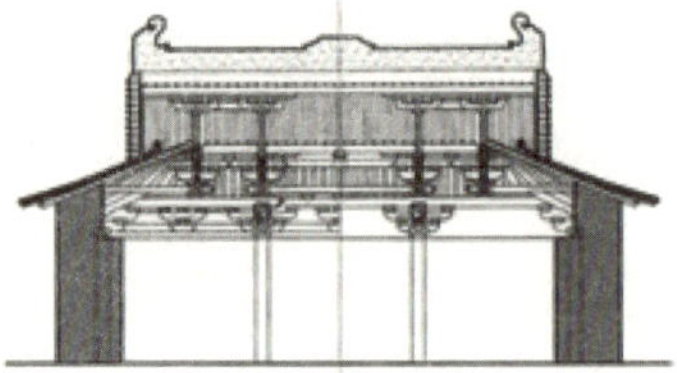	
五代	长子布村玉皇庙玉皇殿	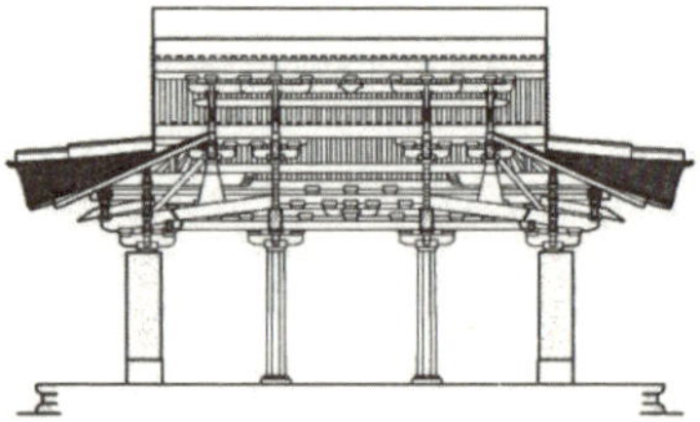	

来源：笔者根据搜集的图纸和自摄照片自绘

表 3-2　宋、辽、金横架结构图及照片

时间	名称	横架结构	内部照片
辽（966）	河北涞源阁院寺文殊殿		

续表

时间	名称	横架结构	内部照片
北宋（990 ~ 994）	游仙寺毗卢殿	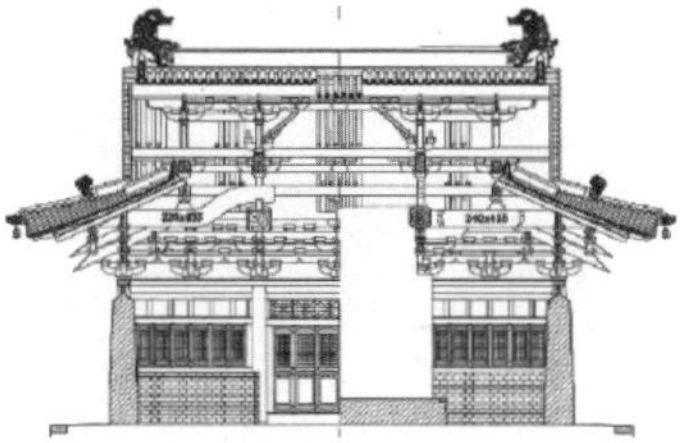	
北宋（1008）	榆次永寿寺雨花宫	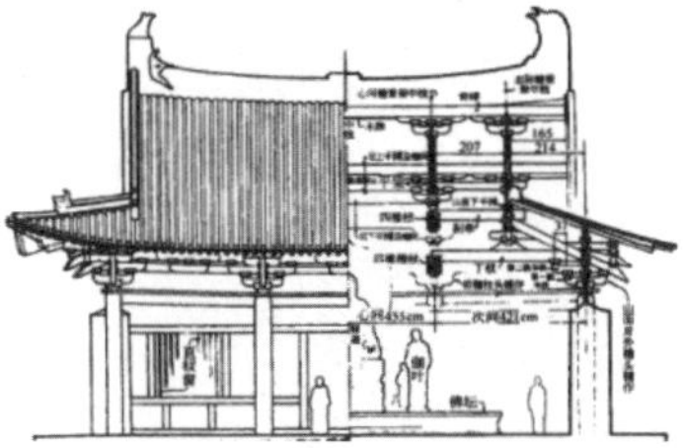	
宋（1089）	青莲寺释迦殿	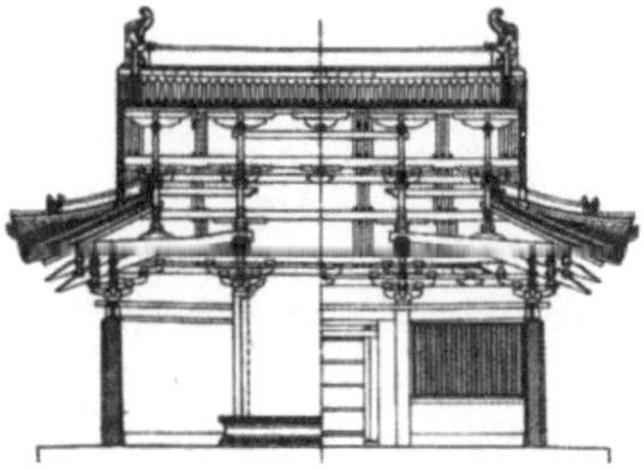	
北宋（1093）	金洞寺转角殿	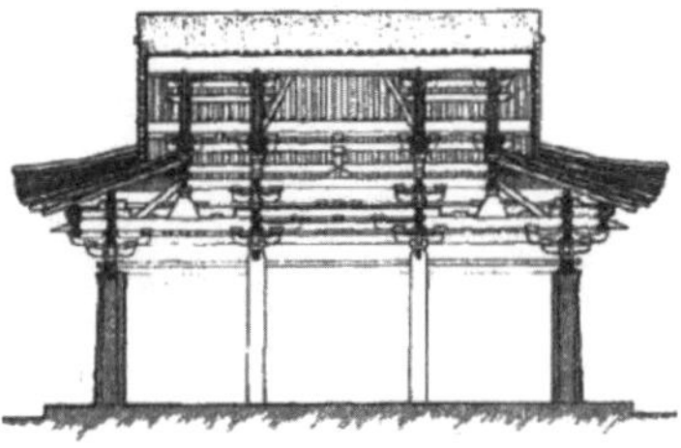	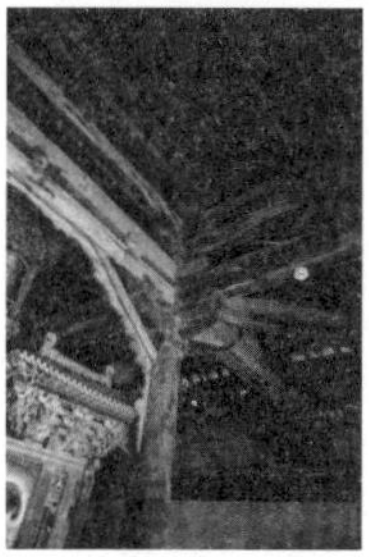

续表

时间	名称	横架结构	内部照片
北宋（1098）	龙门寺 大雄宝殿	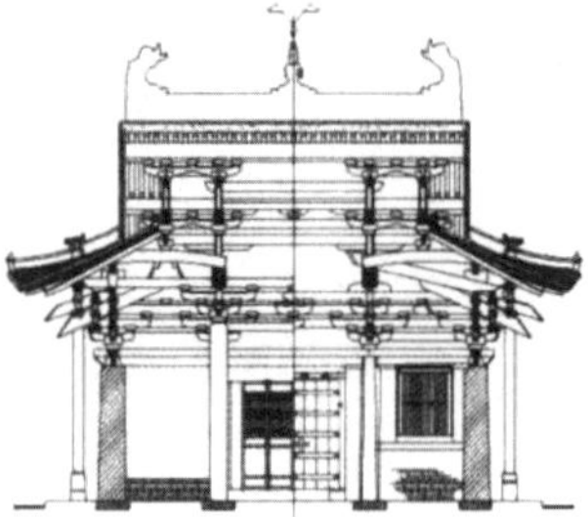	
北宋（1110）	泽州北义城玉 皇庙玉皇殿		
北宋（1122）	阳泉关王庙 正殿	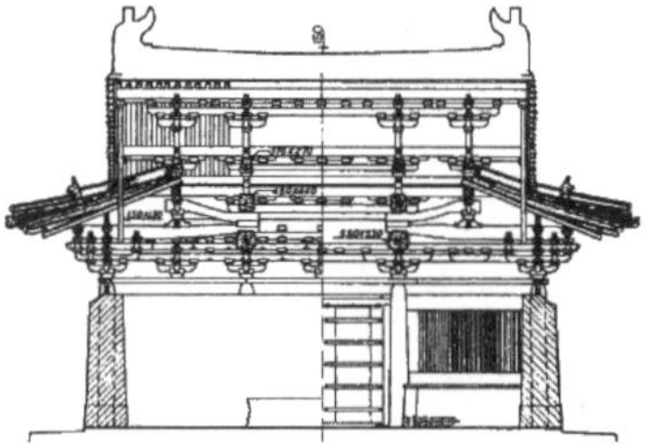	
北宋（1125）	登封少林初祖 庵大殿	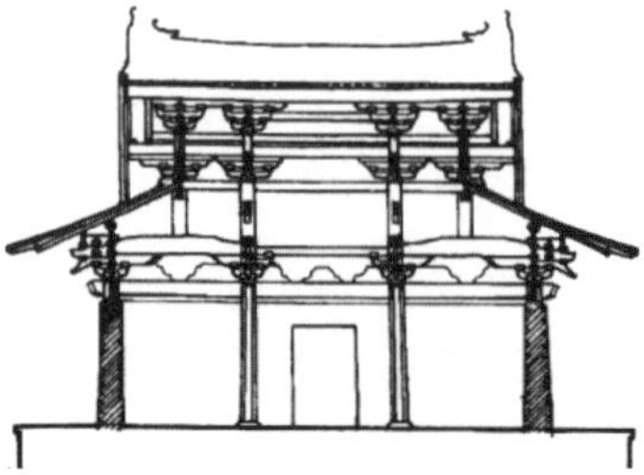	

续表

时间	名称	横架结构	内部照片
北宋	陵川北吉祥寺 前殿	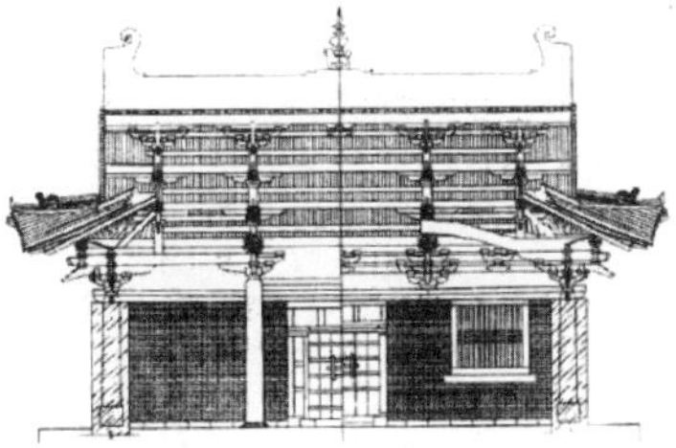	
金（1129）	陵川龙岩寺 过殿	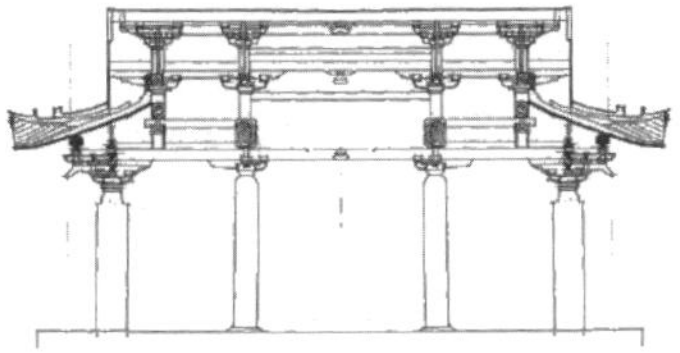	
金（1142）	西溪二仙庙 前殿	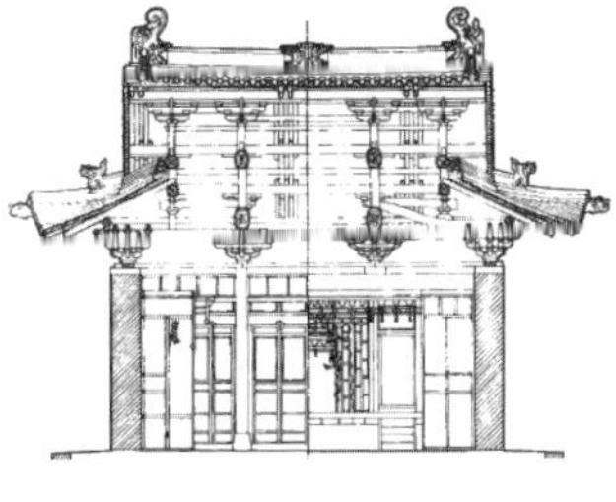	
金（1145）	文水则天庙 正殿	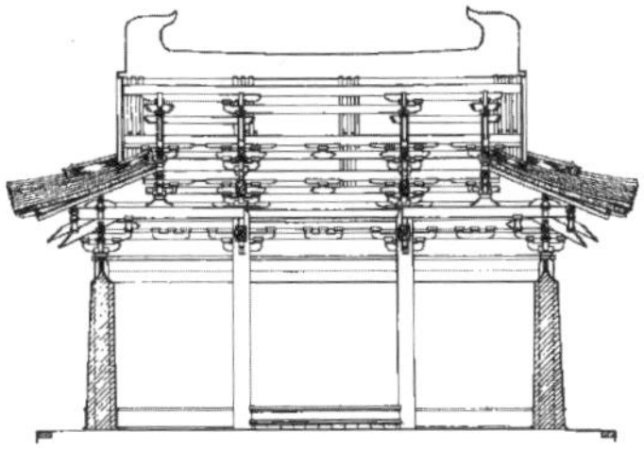	

续表

时间	名称	横架结构	内部照片
金（1158）	繁峙岩山寺 文殊殿		
金（1203）	清徐清源文庙 大成殿	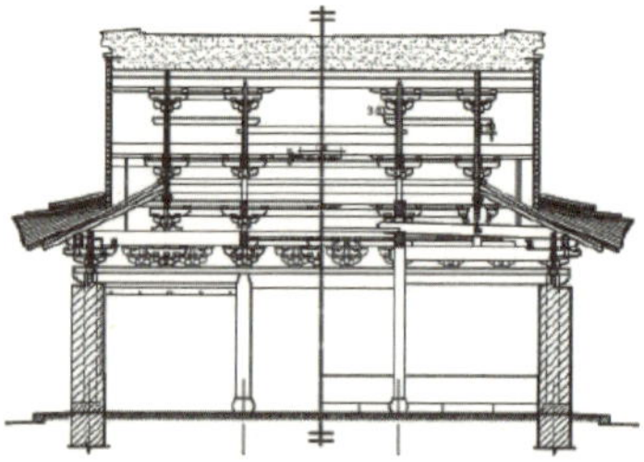	

来源：笔者根据搜集的图纸和自摄照片自绘

在唐、五代时期的歇山建筑中，脊槫下边的替木并没有呈现出一定规律，或长或短，甚至有些与脊槫长度相一致。但总体来看，替木的总长度多为脊槫的2/3～1之间，而脊槫的襻间通常以捧节令栱为主。用一根木料隐刻出开间内两个相近令栱或慢栱的样子。其余平槫也多与脊槫的做法一致，而对驼峰、蜀柱较高的建筑，如：长子布村玉皇庙玉皇殿、大云院弥陀殿，为了增加稳定性，增加了枋木进行拉结。

从上述所列宋、辽、金歇山建筑中，我们可以明显看到，脊槫的支撑构件依旧是替木，但是替木高度却明显变小了许多。脊槫下的蜀柱上部多同时使用瓜子栱、慢栱，且将相邻瓜子栱或慢栱之间，用同一木材隐刻出它们的样式，并且，隔间相闪。此时期蜀柱上安装串用于横向连接的做法使用较为普遍，并且使用规律为隔间相闪（如清徐清源文庙大成殿）。脊部除了使用叉手，也出现了三角斜撑的使用，如：游仙寺毗卢殿、繁峙岩山寺文殊殿。宋金时期除了脊部横向连接较唐、五代加强以外，在其他平槫处也是如此。在平槫下的驼峰上用横向的串进行拉结，在心间将栌斗内的令栱与相邻令栱用通间木料做成襻间样式，隐刻出令栱的样子，再在襻间上放置斗栱和替木以承接平槫。这做法无疑是明清时期“檩、垫、枋”的前身。但是在平槫处襻间上的斗栱（相当于明清的“枋”）却仅起支撑作用，拉结作用并不明显，而明清时期的枋不仅起到支撑作用还兼具明显的拉结作用。

通过大量实物调研和对图纸的参考，宋、辽、金时期对建筑的横向拉结相比于唐、五代时期明显有了长足进步，脊槫和平槫下部襻间数量增加，驼峰之间、蜀柱之间起拉结作用的横向串进一步加强、增多。尤其是脊槫下部的瓜栱和慢栱一同使用，都使得脊槫的高度有了更大提高，也使屋面坡度更加险峻，不似唐、五代时期屋面的平直深远，而是内凹程度更加大，反宇更明显。

3.《工程做法》中横架结构的分析

《工程做法》中关于歇山给出了三幅侧样，却并没有给出建筑横架的剖面图（图3-39、图3-40）。我们从侧样中得知，枋安插于蜀柱中，主要是对瓜柱进行横向拉结，而枋的上皮正是梁的下皮，紧贴着梁。在三幅侧样图中虽然没有给出垫板位置或相应尺寸，但是在文字部分记载了尺寸。檩的承接相对唐、宋时期更加直接，直接在梁上开檩椀，将檩直接搁置在梁上。从力的传递来说，檩直接传递到梁，梁直接传达到下部，力的传递更加直接，但二者却又有一定空隙相互运动，无形中又可以卸掉外在压力，这相对于唐、宋时期是一大进步。

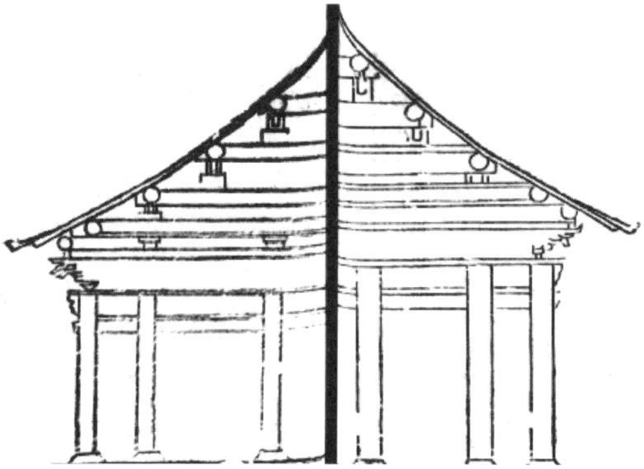

图 3-39　九檩歇山转角大木图

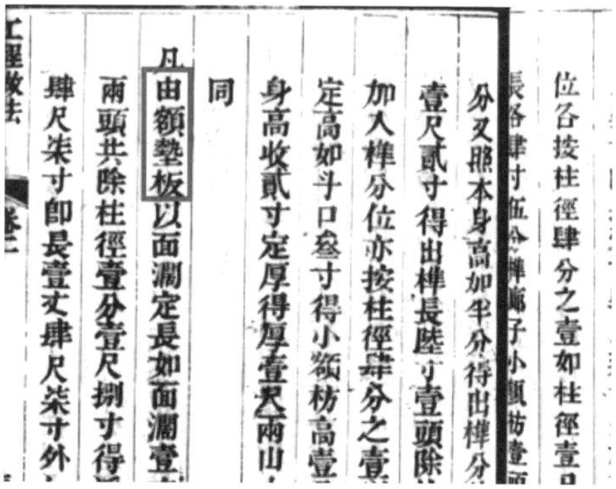

工程做法　卷二

位各按柱徑肆分之壹如柱徑壹尺
長各肆寸伍分榫廊子小額枋壹頭
分又照本身高加半分得出榫分
壹尺貳寸得出榫長陸寸壹頭除
加入榫分位亦按柱徑肆分之壹
定高如斗口叁寸得小額枋高壹
身高收貳寸定厚得厚壹尺兩山
同
凡由額墊板以面濶定長如面濶壹
兩頭共除柱徑壹分壹尺捌寸得
肆尺柒寸即長壹丈肆尺柒寸外

图 3-40　垫板尺寸规定

（来源：图 3-39、图 3-40 选自《工程做法》）

4. 明清建筑中横架结构的分析

明清时期建筑不仅进深方向的梁架加强了联系，同样在横架方向上加强了联系，为了使建筑的结构变得更强，出现了“檩、垫、枋”三大件。

表 3-3　明清时期横架结构图及照片

时间	名称	横架结构	内部照片
明（1420）	地安门	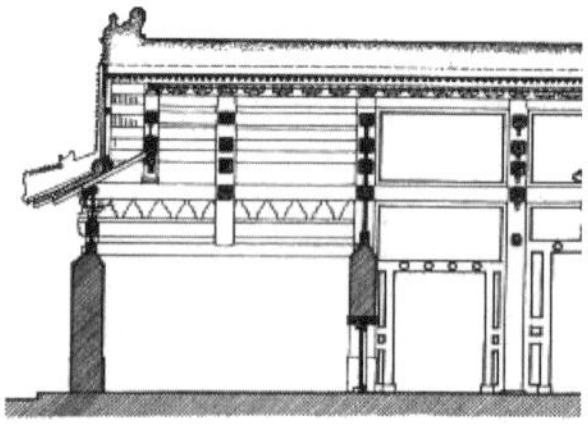	
明（1420）	故宫 – 东暖阁	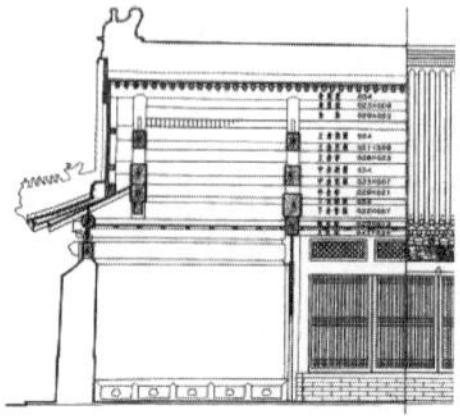	

续表

时间	名称	横架结构	内部照片
明（1420）	故宫 - 中左门	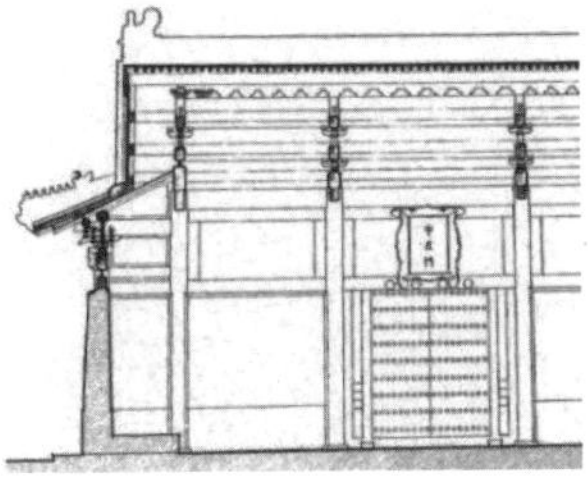	
明（1420）	社稷坛 - 后殿	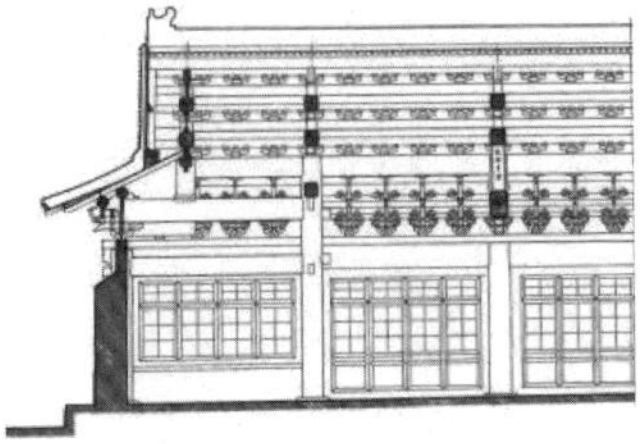	
明（1420）	社稷坛 - 前殿	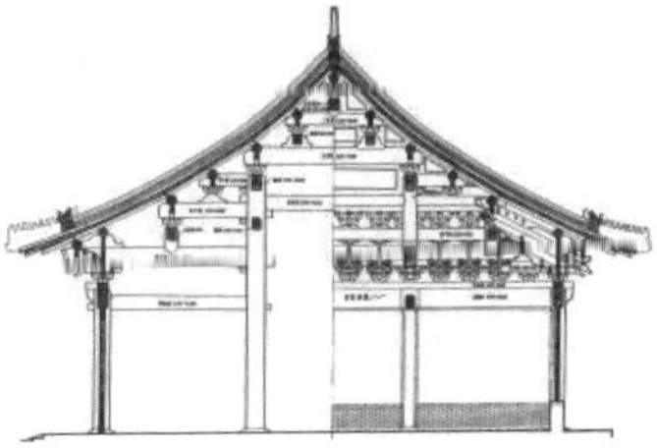	
明（1420）	太庙前配殿	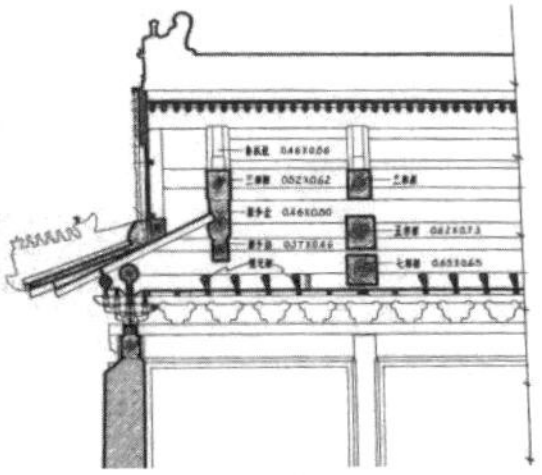	

续表

时间	名称	横架结构	内部照片
明（1420）	太庙中配殿	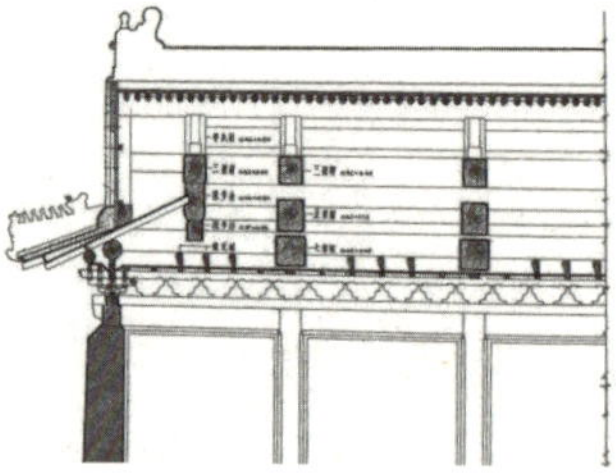	
明（1420）	天坛－凝禧殿	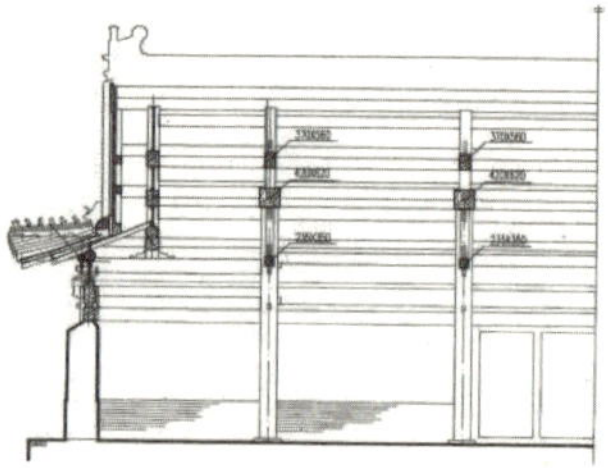	
明（1420）	祈年殿－西配殿	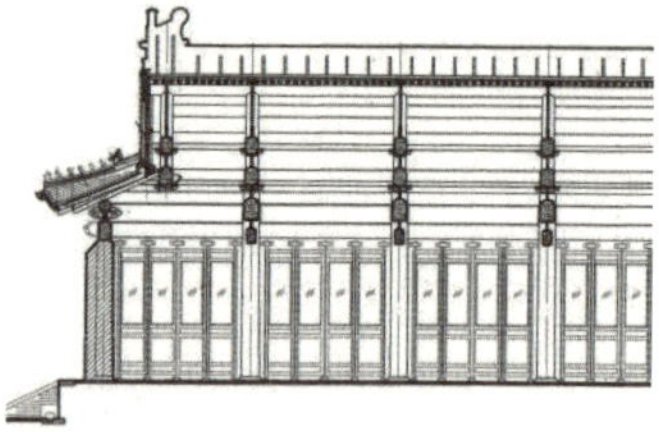	
明（1420）	先农坛－拜殿	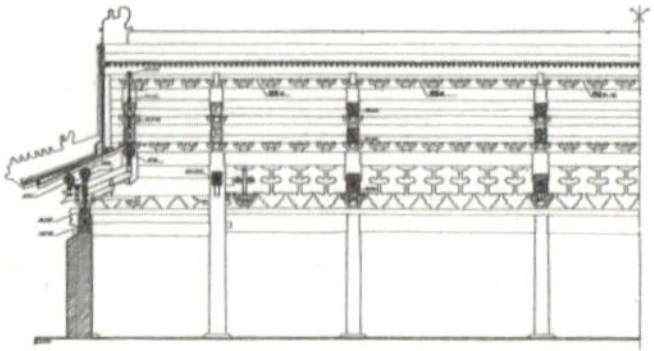	

续表

时间	名称	横架结构	内部照片
明（1420）	先农坛－俱服殿	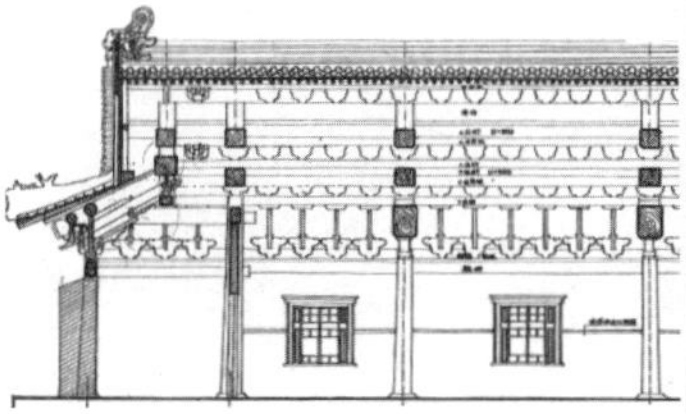	
明（1420）	先农坛－太岁殿	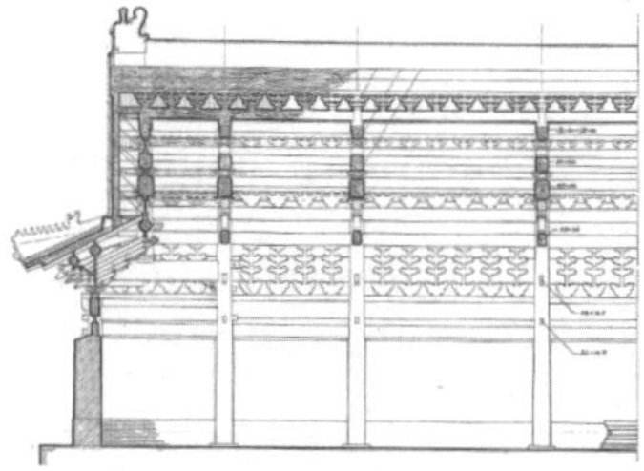	
明（1530）	地坛－皇祇室	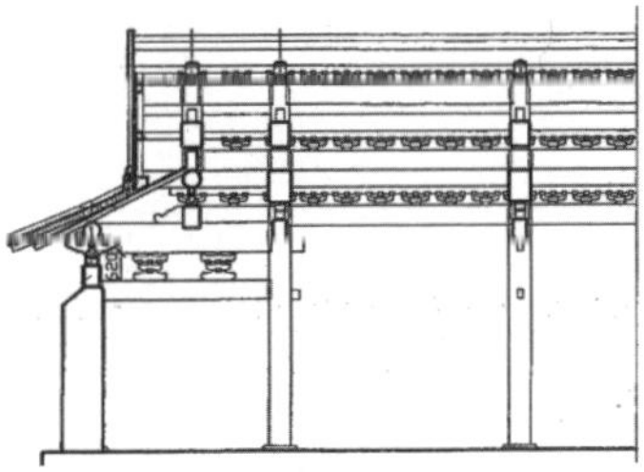	
明（1535）	月坛－俱服殿	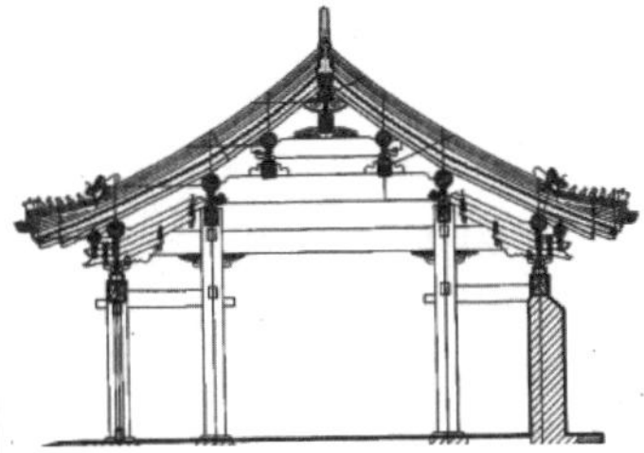	

续表

时间	名称	横架结构	内部照片
明（1542）	大高玄门	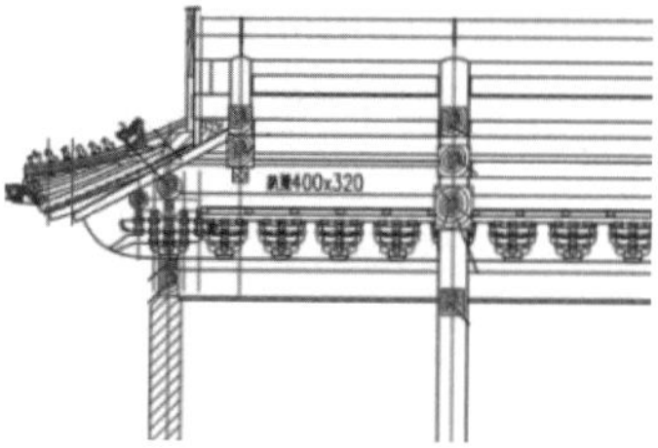	
清（1646）	故宫 - 协和门	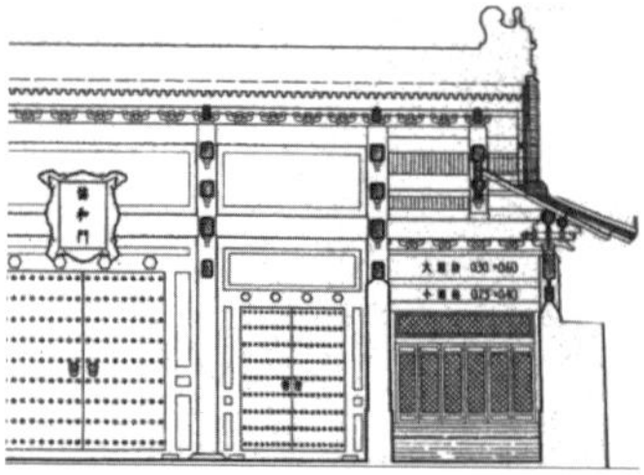	
清（1646）	故宫 - 熙和门	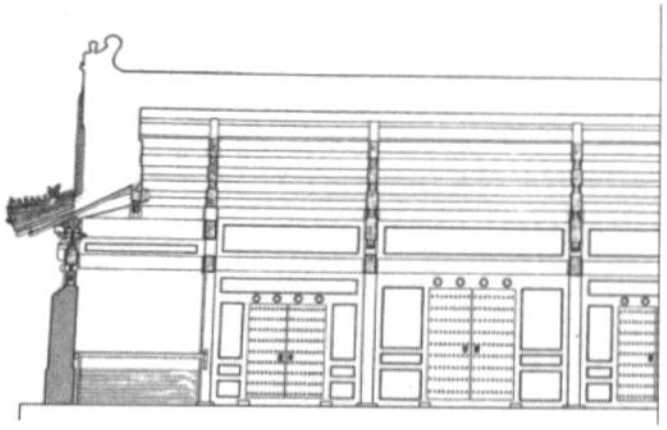	
清（1655）	故宫 - 景运门	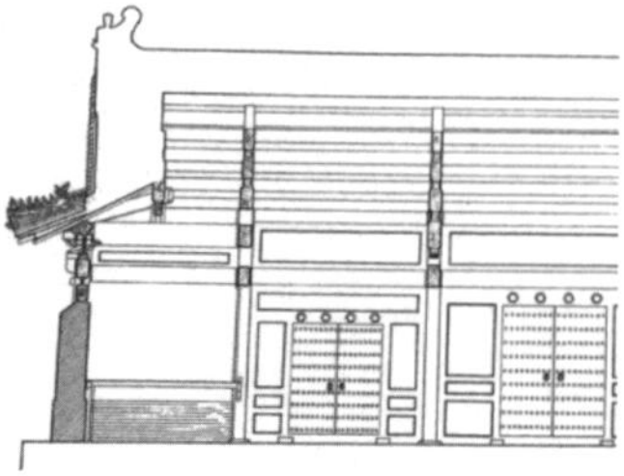	

续表

时间	名称	横架结构	内部照片
清（1733）	嵩祝寺拜殿		
清（1781）	清净化城塔－大雄宝殿	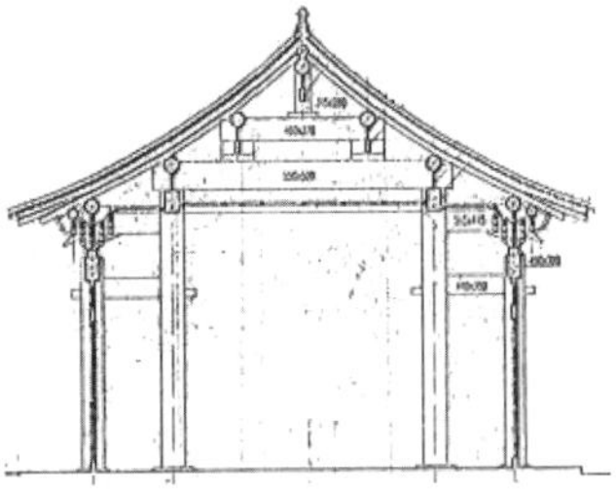	
清（1796～1803）	清西陵－昌陵宫门	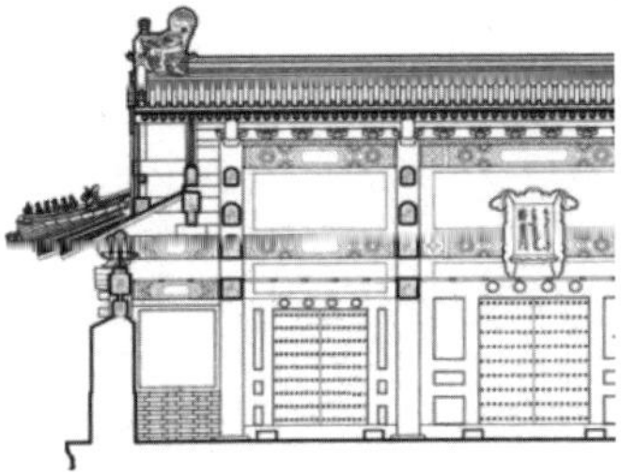	
清（1796～1803）	清西陵－昌陵西配殿	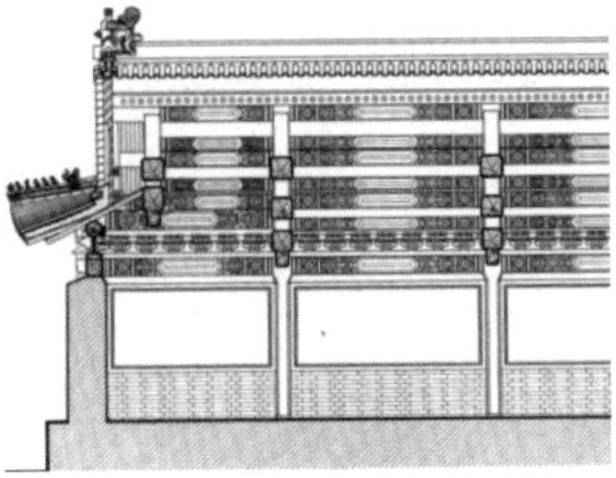	

续表

时间	名称	横架结构	内部照片
清（1889）	故宫－昭德门	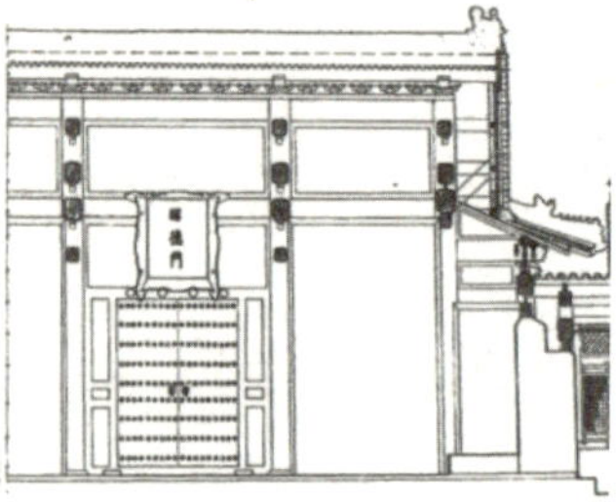	

来源：根据搜集的图纸和自摄照片自绘

明清时期建筑横架结构的稳定性明显加强，“檩、垫、枋”三大件的使用，使梁与梁之间、瓜柱之间的联系成为一个整体，檩之间通过榫卯连接到一起。脊檩也就是民间俗称的“大梁”，因为其上部需要承托正脊的重量，所以对脊檩的承托显得更加重要。明清时期脊檩的承接分为两种：①垫板、瓜柱承接（因为瓜柱上直接刻有檩椀，理解为限制脊檩晃动的构件，所以主要受力构件应该还是垫板）；②一斗三升斗栱、枋木共同承接。从调研的歇山建筑分析，第二种承接脊檩的方式更多出现在明早期建筑中，且多为祭祀或礼制类建筑中。而第一种则多出现在等级稍低或清代的门类建筑中。而金檩的承接相对较简单，均为 X 架梁直接承接，金檩在 X 架梁上对接，而垫板则直接插入 X 架梁上。而枋的使用也可分为两种：a. 如果承接梁的是坨墩，则枋直接插入坨墩；b. 如果承接梁的是斗栱，则可以不使用枋，如果使用的话则直接插入斗栱下部的荷叶墩或瓜子栱内。在檐柱上建筑均使用平板枋和额枋，用于柱子间的拉结和对斗栱的承接，在角柱柱头上，平板枋使用十字卡榫连接，而额枋则插入檐柱，出头。

三、本章小结

本章主要讨论了《营造法式》《工程做法》、宋至金期间的现存遗构和明清时期建筑的纵架和横架结构，探讨了早晚期歇山建筑受力结构的连续性和构件搭接方式及构件早晚期的变化。

通过纵架结构我们就会发现，早期建筑层叠式和连架式同时存在，并且后期还延伸出介于二者之间的层叠式建筑。明清时期，两种建构思想相融合，成为我们后期见到的抬梁式结构。早期建筑，在梁栿的搭接上以压接和对接为主，少部分建筑采用了相接于内柱的方式。为了增加结构稳定性，多将梁栿和铺作联系起来，构件之间更多通过相互摩擦产生的内力和硕大的梁栿重量从而达到结构的稳定。而明清时期因为大型木料越来越少，通常以小柱拼合成一根大柱子[①]。构件更需要通过相互直接的拉结才能达到稳定，而这也就促进了穿插枋的产生，并且对一些比较高大的建筑，还会增加间枋、跨空枋。而在横架结构上，早期建筑往往通过将相邻近的捧节令栱、慢栱或瓜子栱用 根木料做成隔间相闪的襻间样式，以此来增加横向连接。而明清时期的“檩、垫、枋”三构件却是每间都要使用，且三构件彼此间紧密相挨，即起到了拉结作用，又有相互之间的承接关系，大大增加了横向稳定性，较隔间相闪的做法是一大进步。

---

① 孙大章主编的《中国古代建筑史 第五卷》第八章第五节中写道：以小木拼合成大木料使用之法在宋代即有，称“合柱”、“缴贴”。但大规模使用拼合材料则是清代突出的现象，以解木材缺乏之急。清初工部《工程做法》中即提出“分瓣分攒”柱料及“分攒长盖”梁坨的作法。清代拼合梁柱采用拼合、斗接、包镶三种方法。一般柱身长度不够可用两木对接，接口用十字棒或巴掌棒；梁的断面不够可用二根或三根拼合，拼缝用燕尾摔，内缝用暗梓，外用铁箍形成拼合梁；也可用一根断面较大的料，周围用较小料包镶，外加铁镜而成包镶梁；柱身亦可内用心柱，外用瓜皮形小料包镶成大柱，包镶料有八瓣、十二瓣之分；特长柱身的心料亦可墩接，外加斗接的包镶料，形成长柱。

唐宋早期歇山建筑多以构件之间的重量，利用三角形的稳定性和柱子侧脚产生的内聚力来达到结构稳定。而明清时期更多利用了框架结构和构件之间的彼此拉结、相互制约，“檩、垫、枋”的使用，就是最好的作用。早期建筑虽然已出现了模数化，但是其建造技术和工艺却很复杂。相反，明清时期已经达到了模数化的高潮，构件的定型和安装工艺简化，大大提高了建筑建成的速度。

第四章 歇山山面构造研究

歇山建筑与庑殿、悬山、硬山建筑虽然正身梁架相似，但是在山面的结构构件和转角的受力方式上有其独到之处。

歇山建筑山面的受力构成主要由三种构件组成：角梁、踩步金（宋称系头栿[①]）、顺趴梁（宋称丁栿[②]）。因为斜出 45° 角梁的存在，也使山面翼角椽的排布变得不一样。山面梁架力的传导由两个方面组成：①山面屋檐的力传到踩步金梁上，然后再传递到顺趴梁上，再通过承接顺趴梁的斗栱传给山面的檐柱和内柱。②翼角处屋面的重量传给角梁，由角梁传给角部斗栱，再传到角檐柱上。

本章中主要讨论山面处角梁、踩步金、顺趴梁的受力形式和与其他构件的搭接关系，并讨论翼角椽的排布种类和排布方式。[③]

一、角梁搭接方式

1. 角梁的定义

在《营造法式・卷五》“阳马”中根据角梁位置、作用的不同，将其分为：大角梁、子角梁、隐角梁。根据它们之间的关系和位置定义为：凡角梁之长，大角梁自下平搏至下架檐头。子角梁随飞檐头外至小连檐下，斜至柱心。安于大角梁内。隐角梁随架之广，自下平槫至子角梁尾，安於大角梁中，皆以斜长加之。在卷三十中列出了大角梁的样式（图 4-1），从图中我们可以看出大角梁上刻出槽安装翼角椽，

①、② 孙大章．中国古代建筑史 [M]. 北京：中国建筑工业出版社，2002：419.

③ 本章节中因为宋、明清时期建筑名字不同，但是构件作用和位置相似。为了方便起见，在各小结题目中都统一按照明清时期的名字命名。文中内容上，均以构件各个时期的叫法为准。

将梁头的位置刻成霸王拳的样式。角梁是歇山、庑殿等建筑转角上的关键构件，不仅需要承接山面的椽子、子角梁，还要承接上部的戗脊。因此对有转角的建筑至关重要。

在《工程做法》中，只是给出了歇山建筑的侧样图，并没有给出角梁的位置和做法，但是给出了老角梁和子角梁的尺寸（图 4–2、图 4–3），对于其他更多的信息就没有再涉及。

图 4–1 《营造法式》中大角梁图样

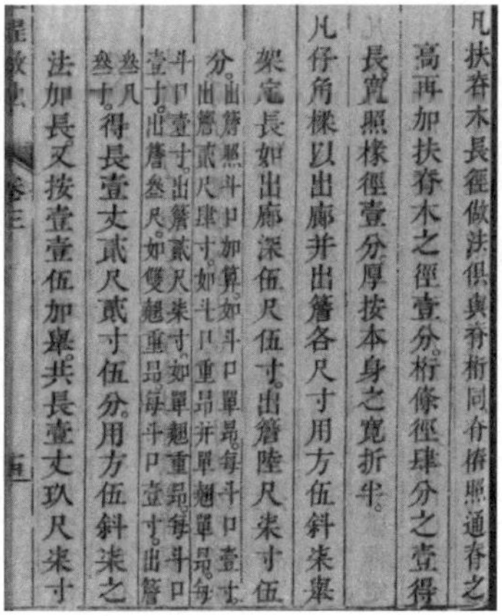
凡扶脊木長徑做法俱與脊桁同脊椽照通脊之
高再加扶脊木之徑壹分桁條徑肆分之壹得
長寬照椽徑壹分厚按本身之寬折半。
凡仔角樑以出廊并出簷各尺寸用方伍斜柒舉
架定長如出廊深伍尺伍寸出簷陸尺柒寸伍
分。出簷照斗口加算。如斗口單昂每斗口壹寸出簷貳尺肆寸。如斗口重昂并單翹單昂每
斗口壹寸。出簷貳尺柒寸。如單翹重昂每斗口壹寸。出簷叁尺。如雙翹重昂每斗口壹寸。出簷
叁凡叁十。得長壹丈貳尺貳寸伍分。用方伍斜柒之
法加長又按壹壹伍加舉共長壹丈玖尺柒寸

图 4–2 《工程做法》中子角梁图

寸。得仔角樑通長貳丈壹尺肆寸柒分。以椽徑
叁分定高貳分定厚。如椽徑叁寸伍分。得仔角
樑高壹尺伍分。厚柒寸。
凡老角樑以仔角樑之長除飛簷頭并套獸榫定
長。如仔角樑長貳丈壹尺肆寸柒分。內除飛簷
頭長叁尺陸寸貳分并套獸榫長柒寸。得長壹
丈柒尺壹寸伍分。外加後尾叁岔頭照金柱徑
壹分。如金柱徑壹尺柒寸。得老角樑通長壹丈
捌尺捌寸伍分。高厚與仔角樑同。
凡挑簷木以出廊定長。如出廊深伍尺伍寸。即長
伍尺伍寸。外加貳拽架長壹尺伍寸。內除角樑
之厚半分。得挑頭木長陸尺陸寸伍分。以挑簷

图 4–3 《工程做法》中子角梁

（来源：图 4–1 选自李诫《营造法式》，图 4–2、图 4–3 选自《工程做法》）

2. 大角梁后尾的搭接方式

角梁对“转角造”的建筑非常重要，在实地调研过程中发现，角梁的前部搭接关系非常明显，直接搁置在角柱上部斗栱上，但是对角梁后尾的搭接却各不一样。

（1）唐、宋、金时期角梁后尾的搭接方式

根据调研情况将歇山建筑中角梁后尾的搭接方式分为三种：①大角梁后尾搭接在下平槫上；②大角梁后尾搭接在下平槫下；③大角梁后尾交接于系头栿、下平槫。

① 大角梁后尾搭接在下平槫上。根据是否有递角梁的使用又可分为两类。a. 使用递角梁。此类建筑中山面梁架多和正缝梁架相重合（图 4–4、图 4–5）。大角梁后尾搁置在下平槫上，就会造成下平槫端部荷载过重，因此大角梁和下平槫交接部分的下部必须有支撑。此时递角梁的出现就成为解决这一问题的关键。递角梁一端放置在转角铺作上，另外一端则搁置在正缝梁架上的椽栿上，而支撑大角梁和下平槫交接部分的蜀柱等构架就落在了递角梁上。b. 不使用递角梁。此类建筑使用系头栿、丁栿，有山面构架（图 4–6），或者角部斗栱和平身科斗栱距离很近（图 4–7）。在丁栿之

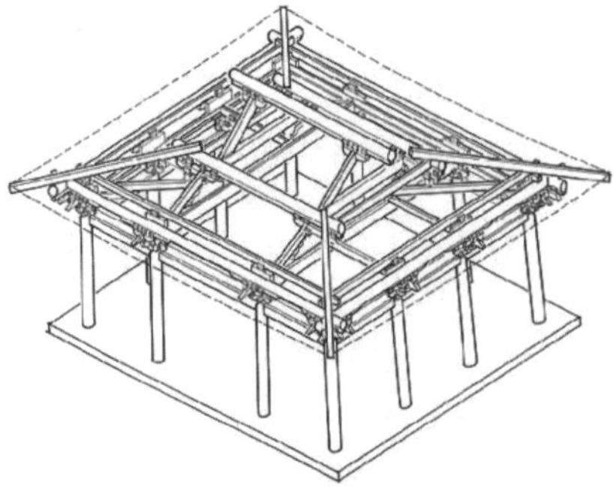

图 4–4　南禅寺大殿模型图

图 4–5　原起寺大殿转角结构

（图片来源：图 4–4 选自网络，图 4–5 自摄）

图 4-6　小张碧云寺正殿转角结构

图 4-7　摩尼殿抱厦

（图片来源：图 4-6、图 4-7 自摄）

上放置斗栱承接平槫，大角梁经过斗栱的层层加高，将后尾直接压在平槫上，而尾部放在角部斗栱上。

② 大角梁后尾搭接在下平槫下。这种做法使用最普遍，是解决翼角受力平衡的最佳方法[①]。角梁后尾搭接在下平槫根据大角梁最终落脚的位置也可分为两种类型：a. 后尾插入蜀柱。在图 4-8、图 4-9 中，因为山面梁架和正缝梁架相重合，而角梁后尾因起翘较低将后尾插入正缝梁架的蜀柱中，隐角梁则搭接于下平槫上。b. 大角梁下部悬空或利用铺作搁置抹角梁承接。如图 4-10、图 4-11 所示，大角梁直接承接下平槫下部的斗栱或劄牵。因为使用的建筑角梁截面面积较大，重量较重，因此角梁的平衡直接影响着屋面及结构的稳定性。如果将角梁的搭接问题看成杠杆的平衡问题，那么以角檐作为杠杆，以大角梁向外伸出的梁头和子角梁作为一端，以大角梁在室内后端和上部所压的平槫等作为另外一端，这样两端重量达成了平衡，就能使得屋面和梁架稳定。隐角梁承接角部的椽子压在平槫上。

① 张十庆．略论山西地区角翘之做法及其特点 [J]. 古建园林技术 (4 期):47-50.

图 4-8　广仁王庙大殿

图 4-9　天台庵大殿

图 4-10　下交汤帝庙后殿

图 4-11　周村东岳庙正殿

（图片来源：图 4-8 选自贺大龙《山西芮城广仁王庙唐代木构大殿》、图 4-9 ～图 4-11 自摄）

③ 大角梁后尾交接于系头栿、下平槫。此类建筑类型较少，盖因施工难度较大。从图 4-12、图 4-13 可以看出，角梁后尾经过转角铺作一层层构件的加高使角梁后尾和平槫、系头栿相交。如果角梁部位不运用此种杠杆原理，就会使得角部外重内轻，发生外翻事故，因此在内部就需要加强联系。图 4-12 是将内部斗栱的里跳上承接替木与角部斗栱拉结，而图 4-13 则是利用了角部的斜栱与内部结构相连接。使用这种角部搭接方式的建筑存世量很少，或许与其不稳定的搭接也有关系。

图 4-12　崇庆寺千佛殿

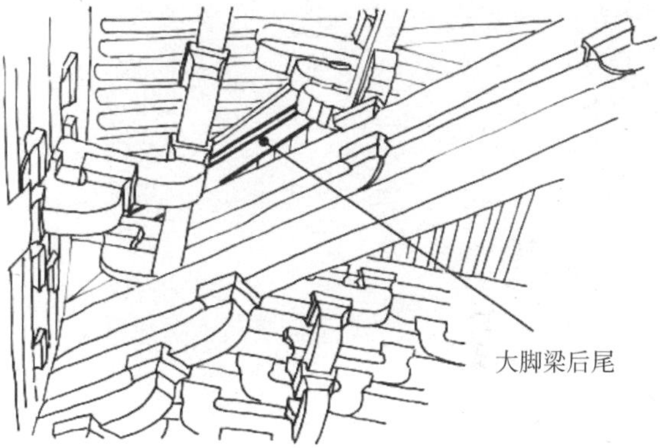

图 4-13　平遥镇国寺万佛殿

（来源：图 4-12 选自自摄，图 4-13 选自周至人《晋冀豫唐至宋金歇山建筑遗存山面构造做法类型学研究》）

（2）明、清时期角梁后尾搭接

《工程做法》中虽然对角梁后尾搭接方式并没给出明确做法，但是我们根据现存的建筑可以概括为三种方式：①压金法，②扣金法，③插金法。（在三种方法中“金”指代金柱或金檩，在以下分析中会说明）

① 压金法。马炳坚先生在《中国古建筑木作营造技术》中总结：老角梁后尾压在下金檩的上部，用压金法，这是解决一步架到顶的小型建筑物外转角后尾构造问题的一种特殊做法。[①] 从图 4-15 中可以看出来，压金的做法中，老角梁前段压在檐檩上，上部承接仔角梁，后尾则直接压在金檩上。而这种做法只有在不能使用扣金做法时才用，属于权宜之计，我们也可以推测此种做法稳定性并不会很好，因此多用在一些走廊或小型建筑等不重要的建筑中（图 4-14）。

通过对比唐、宋、金时期和明、清时期角梁后尾搭接可知：压金法的使用非常接近宋、金时期大角梁后尾搭接在下平槫上的做法。并且唐、宋、金时期此种做法多用

① 明清建筑翼角的构造、制作与安装 [J]. 古建园林技术，1983(01)：8 ～ 20.

图 4-14　天坛千步廊图

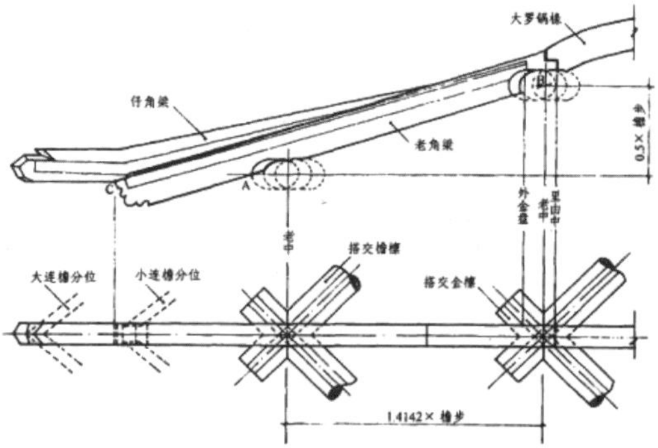

图 4-15　角梁压金做法

（图片来源：图 4-14 自摄，图 4-15 选自马炳坚《中国古建筑木作营造技术》）

于体量较小的建筑。宋金时期大角梁扣在下平榑上，下部出续角梁与山面或正缝梁架相连接，使得角部斗栱和梁架连接紧密。我们依旧可以看到明、清时期（图 4–14）老角梁压在金檩上，而续角梁则拉结角部与内部构架。由此可见，明、清时期的压金法延续了唐、宋、金时期的做法。

② 扣金法。即用老角梁和仔角梁后尾将下金檩“扣”在二者之间，子角梁在上，老角梁在下（图 4–16）。这种做法明清时期使用最多。在此类歇山建筑中，山面梁架是否和正缝梁架重合并不影响角梁后尾扣金法的使用。因为老角梁压在下部，仔角梁扣在上部，这也导致仔角梁长度长于老角梁，从图 4–16 看出，以檐檩为对称轴，老角梁和仔角梁的长度和重量在左边略大于右边，而将老角梁压在仔角梁下部就会平衡这个力，并且因为是“扣”在金檩上，所以建筑的稳定性和联系性都加强了。正因为其结构稳定性从而使得扣金法在明清时期大为流行（图 4–17、4–18）。

通过对比宋、金时期和明、清时期角梁后尾搭接可知：明、清时期扣金法的做法可追溯到宋、金时期角梁后尾搭接在下平榑下的做法。明清时期虽然没有了隐角梁，但是加长了仔角梁长度。以图 4–20 为例，该类建筑中以大角梁承接了替木、栌斗，

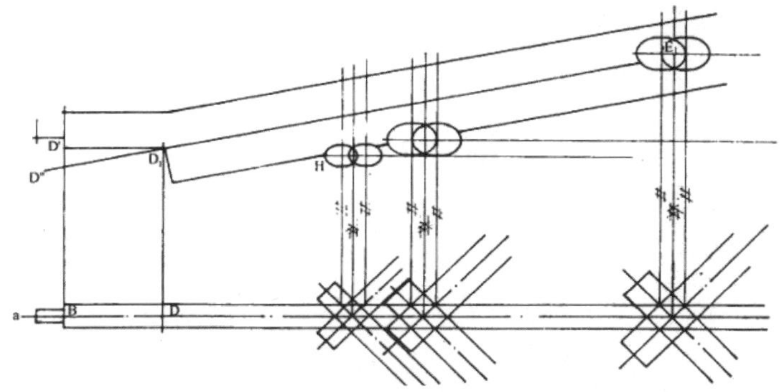

图 4-16　扣金角梁做法

图 4-17　先农坛拜殿

图 4-18　天坛凝禧殿

图 4-19　故宫隆宗门

图 4-20　中坪二仙宫正殿

（来源：图 4-16 选自马炳坚《中国古建筑木作营造技术》，图 4-17 ～图 4-20 自摄）

隐角梁则扣在上平槫中。以图 4–19 举例，明清时期老角梁承接上部的下金檩，然后仔角梁扣在下金檩上部。如果将宋、金的隐角梁看成是仔角梁，则此类结构就是大角梁 + 下平槫（包括了上平槫、替木、栌斗等中间构件）+ 子角梁，而明清时期也是如此老角梁 + 下金檩 + 仔角梁。但是有所不同的是明清时期老角梁下边一般多以瓜柱、X 架梁等支撑，而宋、金时期此类型结构则没有。从而我们也可归纳出，宋金时期在角部的力学运用上非常大胆，大量使用杠杆原理，可以用一个“巧”字来总结。而明清时期在角部搭接关系上往往通过大量构件支撑，其主要原因就是因为木料尺寸较宋金时期减小了很多，心理上希望通过“搭积木”式的手法，使得建筑更加稳定，可以用一个“稳”字来总结。

③ 插金法。在金柱上做榫，然后将角梁插入其中，插入长度为金柱柱径的 1/4 ～ 1/3 或通榫，此种做法多为重檐或多重檐建筑才使用。如图 4–21、图 4–22 所示：下层角梁后尾将其尾部经过加工（后尾截面远比老角梁梁头截面小。如果插入金柱尺寸过大，就会损坏金柱的竖向承载力），在金柱上做透榫插入，这样就尽可能少地破坏柱子的支撑力。

图 4–21　天坛宰牲亭大殿

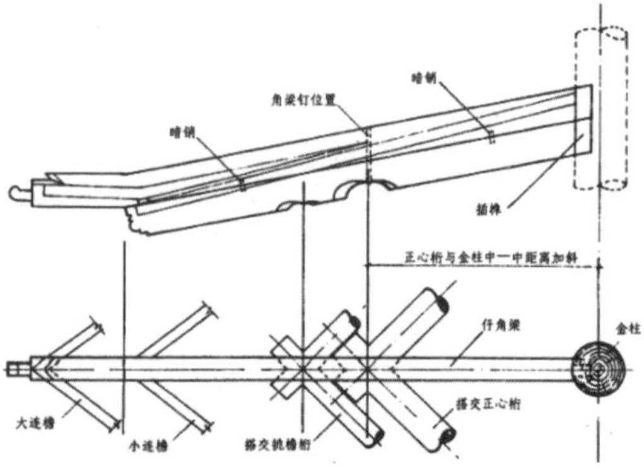

图 4–22　插金做法示意图

（来源：图 4–21 自摄，图 4–22 选自马炳坚《中国古建筑木作营造技术》）

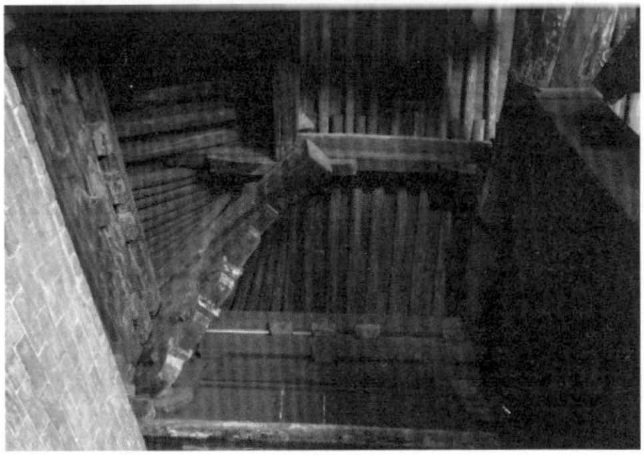

二、踩步金的类型分析

1. 踩步金的定义

系头栿是“转角造”建筑独有的构件。梁思成先生在《营造法式注释·卷上》中指出：系头栿，相当于清式的“踩步金梁”[①]（图 4–24）。对于踩步金在《工程做法》中并没有提及其位置和做法，只是规定了尺寸。而系头袱见于《营造法式·卷五·栋》：“若殿阁转角造，即出际长随架（于丁袱上随架立夹际柱子以柱槫梢：或更于丁袱背上，添系头袱）”。潘谷西先生在《〈营造法式〉解读》一文中写道：这里的“出际长随架”和夹际柱子、系头栿如何具体结合？[②] 而书中绘图（图 4–23）将系头栿定义为类似柱脚方[③]。姜铮在《唐宋建筑转角做法探析》中认为：于正缝梁架以外另添承椽枋以承托山面披檐的做法，而枋上另设叉手蜀柱，其性质也逐渐由“枋”演变为“栿”，即所谓系头栿[④]。

系有“拴”的意思，在《荀子·劝学》里：系之苇召。[⑤] 头：物体的顶端。《说文》中：頭，首也。[⑥] 而栿在《广韵》中记载：栿，梁栿。[⑦] 有梁的作用。从而我们也就可以知道系头栿的意思就是类似梁栿，将构件端部联系起来，起拉结作用的物体。再根据实际调研，因此在本书中，笔者更同意梁先生的系头栿解释。

---

① 梁思成 . 营造法式注释 • 卷上 [M]. 北京 : 中国建筑工业出版社，1983.

② 潘谷西，何建中 .《营造法式》解读 [M]. 南京 : 东南大学出版社，2005.

③ 肖旻 . 唐宋古建筑尺度规律研究 [M]. 南京 : 东南大学出版社，2006.

④ 姜铮 . 唐宋歇山建筑转角做法探析 [A]. 浙江省文物考古研究所，宁波市保国寺古建筑博物馆编 . 宁波保国寺大殿建城 1000 周年学术研讨会暨中国建筑史学分会 2013 年论文集 [C]. 北京 : 科学出版社，2015:66 ～ 83.

⑤ [战国] 荀子 . 荀子 • 劝学 [M]. 长春：吉林出版集团有限公司，2011.

⑥ [汉] 许慎 . 说文 [M]. 桂林：漓江出版社，2018.

⑦ [北宋] 陈彭年，丘雍 . 广韵 [M]. 北京：商务印书局，1939.

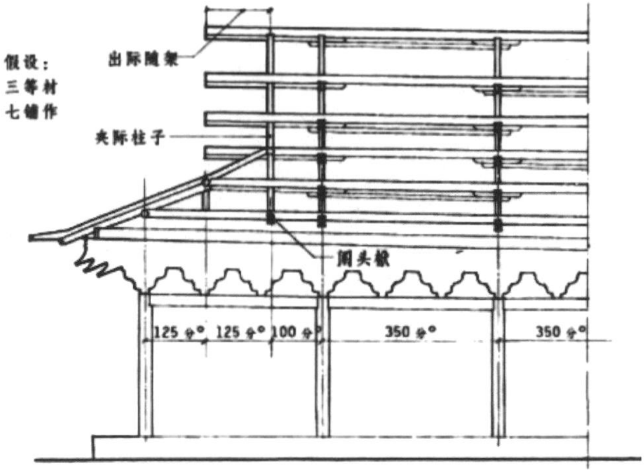

图 4–23　（系头栿）潘谷西版

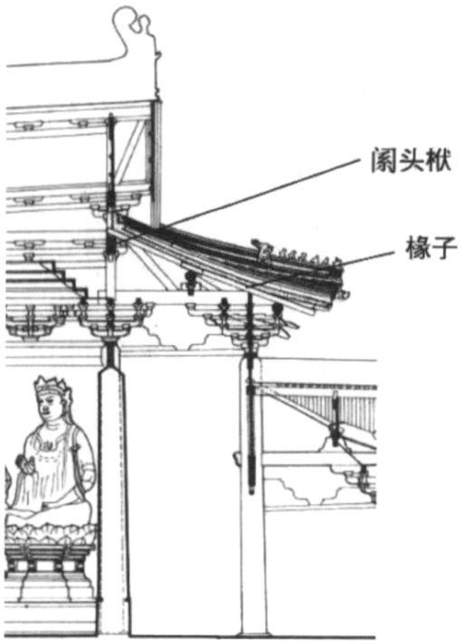

图 4–24　（系头栿）梁思成版

（图片来源：图 4–23 选自潘谷西《营造法式》解读，图 4–24 选自周至人《晋冀豫唐至金歇山建筑遗存山面构架做法类型学研究》）

2. 踩步金的位置及作用

因为歇山建筑的特殊结构，因此踩步金不仅具备梁的作用，还承接上部的檩、枋，同时还兼具承椽枋的作用。

（1）唐、宋、金时期系头栿的使用

通过实际调研，根据系头栿的位置和作用可将系头栿的做法分为两类：①不设置系头栿，用承椽枋、槫承接后尾。②使用系头栿，系头栿同时承担上部梁架和山面的椽子。但是无论哪种方式承接椽子的后尾，最终连接方式都非常简单，椽尾仅是搁置在构件上，并不做任何受力性的处理。

① 不设置系头栿。山面构架由正缝梁架承接，椽子后尾的搭接则分为两种：a. 用承椽枋承接后尾。此种类型建筑因为没有了系头栿，所以就以承椽枋承接椽子后尾，而承椽枋的搭接方式也分为两种。如图 4–25 中，因为山面梁架和正缝梁架相结合，

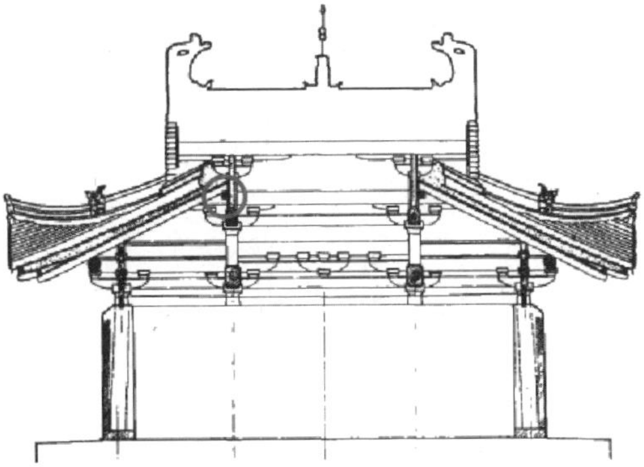

图 4–25　南禅寺大殿

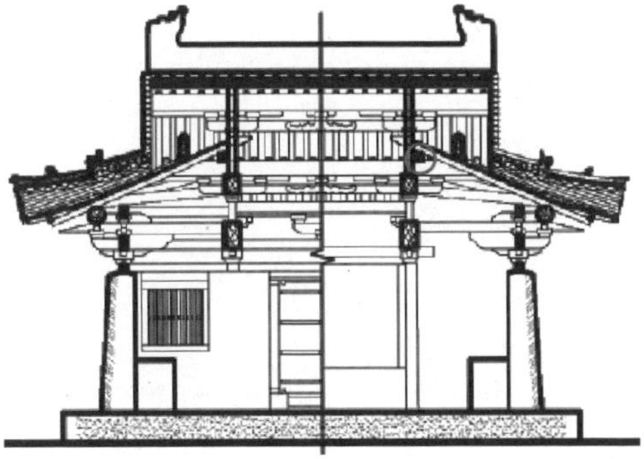

图 4–26　原起寺大殿

图 4–27　涞源阁院寺文殊殿

图 4–28　小张碧云寺正殿

（来源：4–25 选自祁英涛《南禅寺大殿修复》，图 4–26 选自北京工业大学测绘，图 4–27、图 4–28 自摄）

因此在平槫上开有榫卯，然后安装承椽枋以解决椽尾搭接问题。而图 4–26 中则直接将承椽枋放在平槫上，椽子后尾搭接在承椽枋上。b. 使用槫承接椽尾。图 4–27 所示，建筑中并没有设置系头栿构件，山面斗栱通过悬挑，承托上部的槫、襻间，而椽子后尾则插入槫和平梁顺栿串的缝隙中。在图 4–28 中，虽然有清晰的山面构架，却并没有设置系头栿，而是将槫作为承接山面椽子的构件。

② 设置系头栿。此类建筑中虽然也有山面的梁架结构，但是系头栿所承接的上

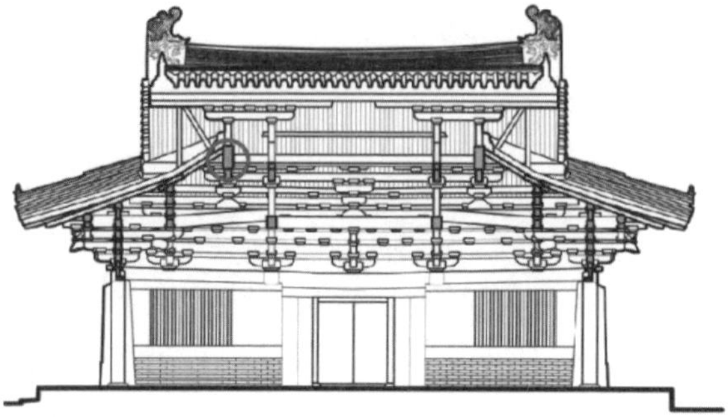

图 4-29　大云院弥陀殿

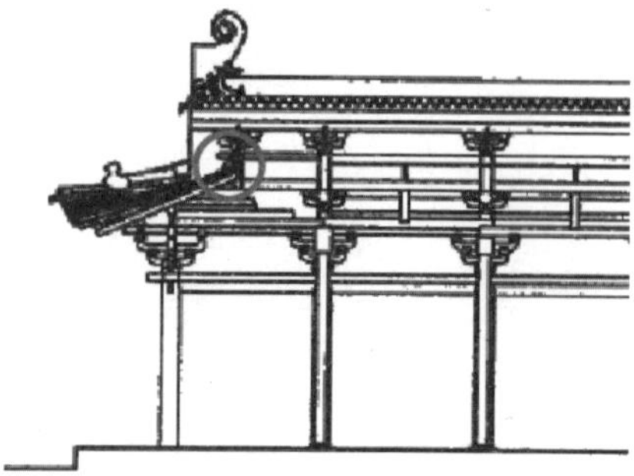

图 4-30　济源济渎庙寝宫

（来源：图 4-29 选自北京工业大学测绘，图 4-30 选自李震、徐千里《济渎庙寝宫建筑研究》）

部构件却并不完全相同，主要分为两类。a. 承接椽子和上部的部分梁架。如图 4-29 所示，在丁栿上部设置驼峰、斗栱、平梁和系头栿，而系头栿是在平梁之上，椽尾搭在系头栿上。系头栿截面明显大于平梁截面，在系头栿上部立有蜀柱、叉手等。b. 承接山面的椽子和上部的全部梁架。如图 4-30 中的系头栿承接了山面梁架，同时也起着平梁的作用，承接上部的蜀柱、叉手等构件。这两种类型中 a 类型是在平梁上部，代替了部分平梁的功能，而 b 类型完全代替了平梁的位置，承接上部梁架，这也就与明清时期踩步金的作用非常相似，而系头栿的功能则有两个：承接椽与承接梁架。

（2）明、清时期踩步金的使用

踩步金在《工程做法》中并没有明确提及其样式，只是在说明歇山、庑殿建筑构件尺寸时涉及其尺寸。马炳坚先生对其定义为：正身似梁，两端似檩，梁背上承接木梁架，两端与梢间挑出的前后檐金檩搭交相扣。外侧面做椽碗承接山面檐椽的后尾[①]（图 4-31）。由此我们可以看出明清时期的踩步金其实有三个“身份”：①梁，承接上部的梁架；②檩，与建筑构件搭接；③枋，承接承接山面的椽子。

① 马炳坚 . 中国古建筑木作营造技术 [M]. 北京：科学出版社，1991.

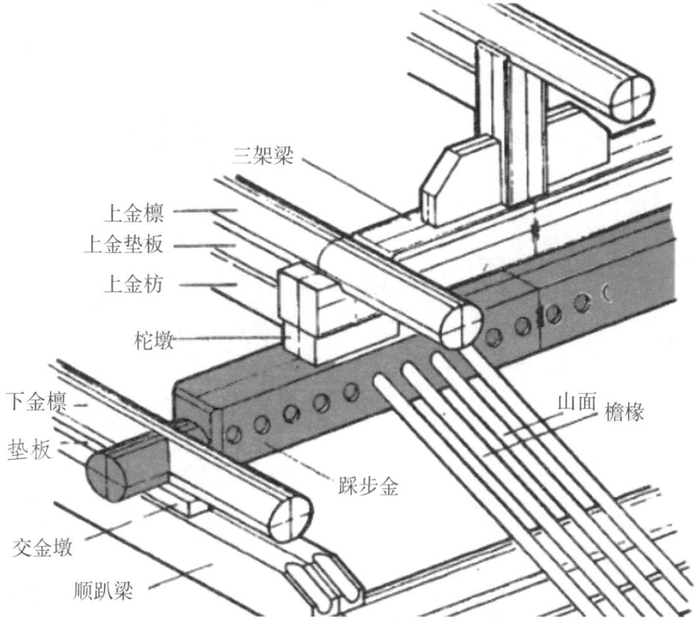

图 4-31　明清时期踩步金位置图
（来源：马炳坚《中国古建筑技术营造技术》）

在歇山建筑中，时常可以看到山面梁架与正缝梁架重合的情况。虽然明清时期建筑构件标准化和施工标准化，并且建筑也多使用踩步金，只有极少数建筑不使用。通过调研发现，建筑高度标准化的明清时代，对踩步金作用的理解甚至超过前人，按照大类来分只有两种：①使用踩步金；②不适用踩步金。但是在使用踩步金的状况下，椽子后尾的搭接与踩步金关系的复杂程度却高于宋金时期。

① 使用踩步金。此类建筑中，因梢间面阔尺寸较大，所以需要增加踩步金承接椽子后尾和上部梁架。在使用踩步金的情况下，椽子后尾与踩步金的关系可分为四类：a. 椽子后尾在踩步金上。图 4-32、图 4-34 中，椽子搁置在踩步金上。b. 椽子后尾插入踩步金。而在图 4-33、图 4-35 中，椽子后尾则插入踩步金中。c. 椽子后尾搭在檩

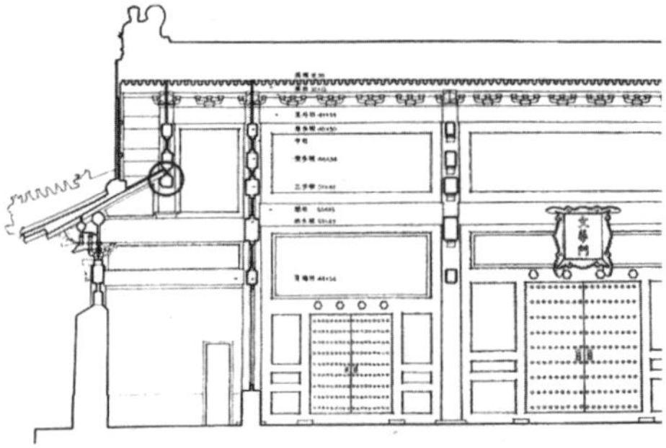

图 4-32　故宫文华门

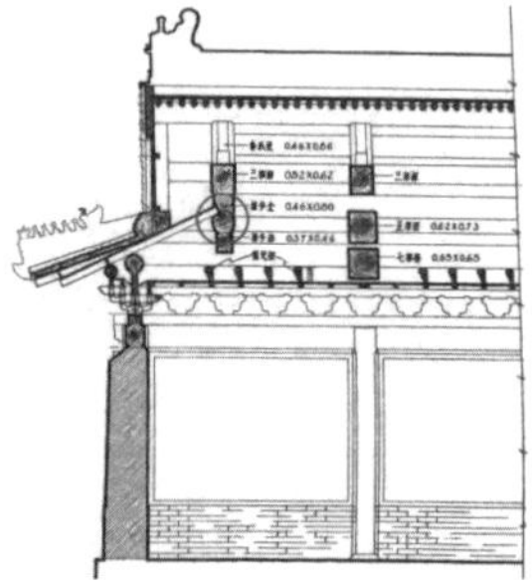

图 4-33　太庙前配殿

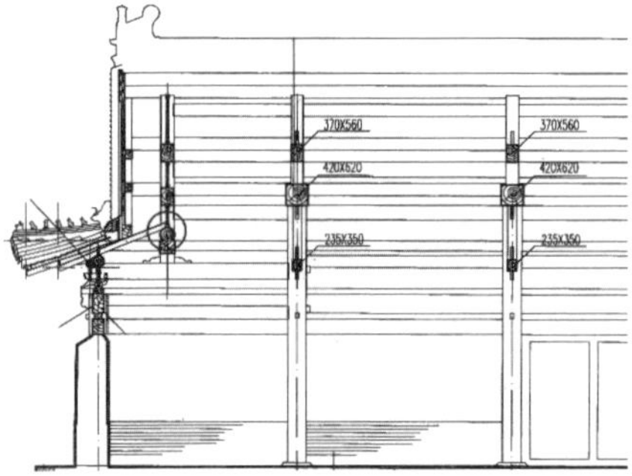

图 4-34　天坛凝禧殿

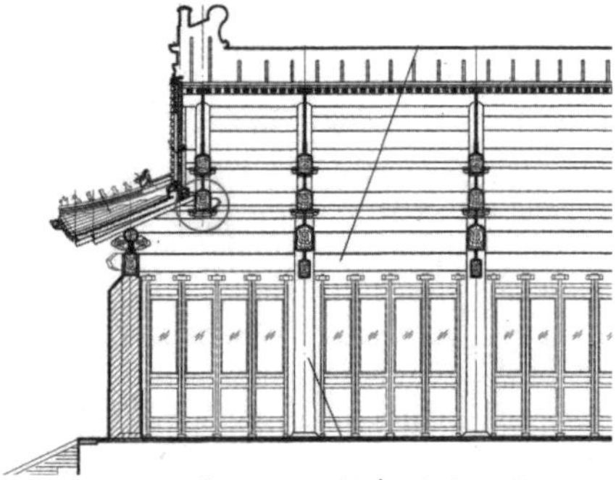

图 4-35　祈年殿西配殿

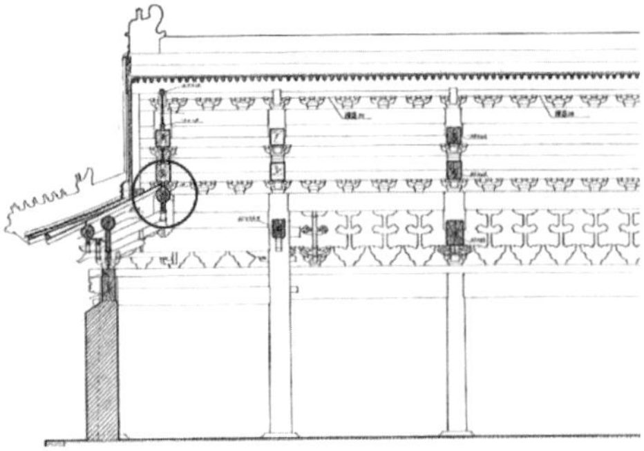

图 4-36　先农坛拜殿

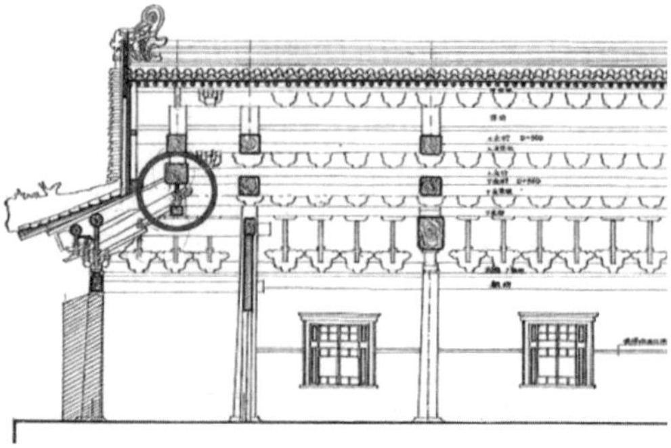

图 4-37　先农坛俱服殿

（来源：图 4-32～图 4-35 选自北京城中轴线古建筑实测图集，图 4-36，图 4-37 选自北京市古代建筑研究所）

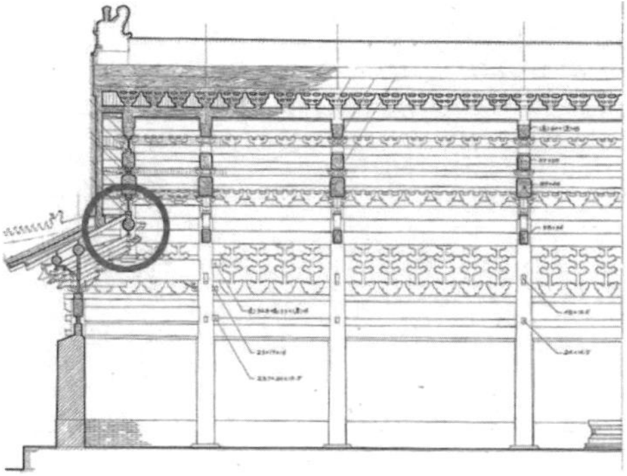

图 4-38　先农坛太岁殿

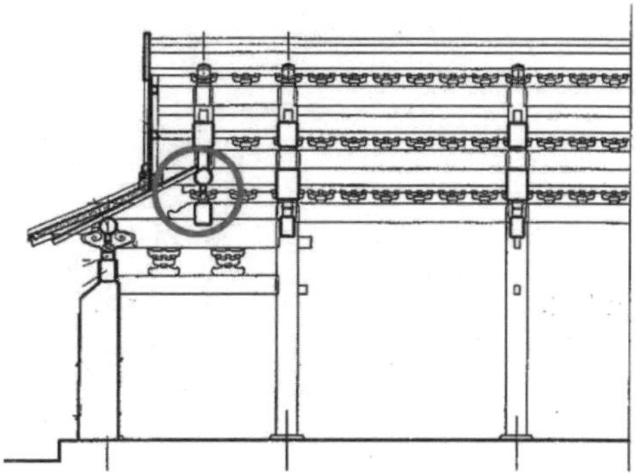

图 4-39　地坛皇祇室

（来源：图 4-38，图 4-39 选自北京市古代建筑研究所）

上。在有溜金斗栱时，如图 4-36，椽子后尾以金檩承接，而踩步金只承接山面的构架，并不承接椽子后尾。但这只是个例而已，并不能说明只要使用了溜金斗栱就一定会有金檩承接。如图 4-37 中，依旧是将后尾插入踩步金中。d. 椽子后尾插入承椽枋中。如图 4-38 中，因为溜金斗栱中多层斜昂的使用，使得檐椽后尾起翘非常高，已经无法搭接在金檩上，因此必须在金檩上设置承椽枋作为椽子后尾的落脚地方。而图 4-39 中，建筑却恰恰相反，因为没有使用过多的斗栱，使得踩步金位置过低不能够承接椽子后尾，因此椽子后尾就插入金檩上的承椽枋中。

② 不使用踩步金。在此类建筑中，因歇山梁架与正身梁架相重合，也就使踩步金和下部的 N 架梁重合，此时踩步金就变成踩步金梁。此时踩步金梁与正身梁架对应的 N 架梁相同，椽子后尾就搭接在踩步金梁上（图 4-40、4-41）。

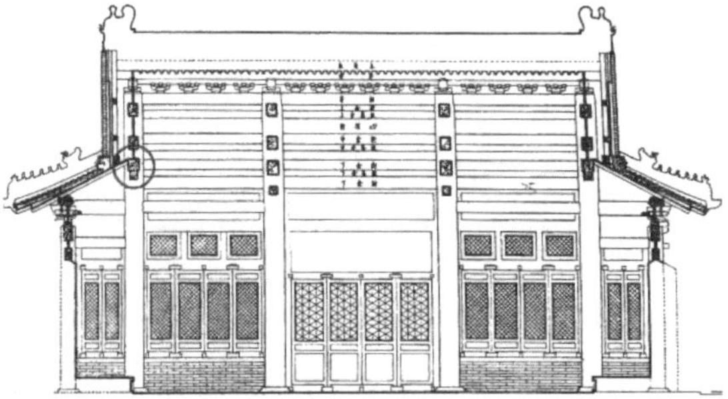

图 4-40　故宫后左门

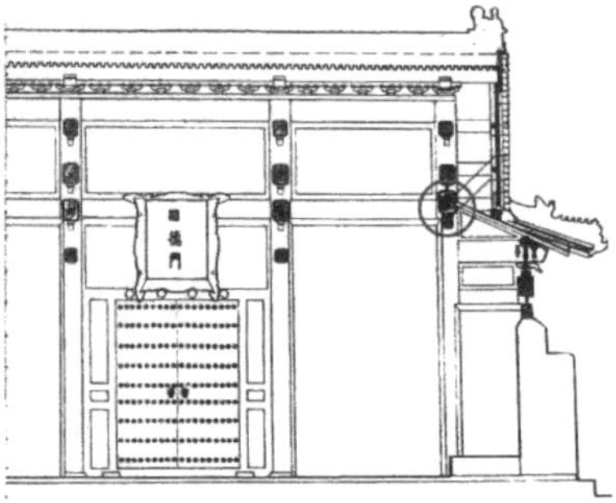

图 4-41　故宫昭德门

（来源：图 4-40、图 4-41 选自《北京城中轴线古建筑实测图集》）

三、顺趴梁类型分析

1. 顺趴梁的定义

潘谷西、何建中对丁栿的解释为：在房屋山面所做顺身方向的梁，草栿、明栿都可（清式称顺梁、趴梁）[①]。由此可知宋金时期的丁栿等同于明清时期的丁栿。

对丁栿的名词解释，出现在《营造法式·卷四·飞昂》中：若屋内彻上明造，即用挑斡或只挑一枓或挑一材两栔（谓一栱上下皆有枓也。若不出昂，而用挑斡者，即骑束闇方下昂桯）。如用平棊即自榑安蜀柱以叉昂尾，如当柱头，即以草袱或丁袱压之”[②]。卷五“栋”记载：“若殿阁转角造，即出际长随架（于丁袱上随架立夹际柱子以柱榑梢；或更于丁袱背上，添系头袱）”[③]。从《营造法式》中对丁栿的描述我们可以看出丁栿是压在柱头上并用于有“转角造”的建筑中，承托上部构件和

① 潘谷西，何建中.《营造法式》解读 [M]. 南京：东南大学出版社，2005.

②、③ [宋] 李诫. 营造法式 [M]. 北京：商务印书馆，1954.

梁架结构。《中国古建筑术语辞典》对其解释为：在结构上其承托山面屋架荷载的作用。梁的一头搭在山面铺作或檐柱上，另一头则搭在横梁上，并与横梁垂直呈“丁”字形，故名[①]。由此我们看出丁栿名字的由来不仅由它的作用决定，还因其名字所得，可谓实至名归。

2. 顺趴梁的位置及作用

（1）唐、宋、金时期丁栿的使用

通过实地调研，该时期的丁栿如果按照样式共有三种：平直型、倾斜型、弯曲型。而其中倾斜型和弯曲型都是为了解决丁栿两端落脚处标高不一致所产生的。从结构上看，歇山的山面梁架并不是都会使用，这也就出现了使用或不使用丁栿两种情况。这里仅对使用丁栿的情况下，讨论其上部承接的构件及两段搭接的方式。根据丁栿的实际作用可归纳为三种类型：① 丁栿上仅起拉结作用。② 丁栿同时支撑山面梁架和屋面荷载。③ 丁栿仅承接山面的屋面荷载，并不支撑山面梁架。

① 丁栿上仅起拉结作用。在此类建筑中，建筑的尽间面阔一般较小，加之不使用系头栿，使丁栿只在建筑中起拉结山面斗栱和正缝梁架的作用。丁栿一段搁置在山面的斗栱，而另外一端则与正缝梁架发生关系，或插入蜀柱，或搁置在梁栿上（图4–42 ～图 4–45）。

② 丁栿同时支撑山面梁架和屋面荷载。此类型做法的建筑遗构最多，因为从受力上讲，此类型建筑丁栿的作用都是承接山面梁架和屋面荷载，而丁栿后尾搭接却各不相同，因此后尾搭接问题就显得非常重要。在该类型中丁栿以形式划分可分为平直型、倾斜型、弯曲型。平直型的丁栿形成原因有二：a. 因为山面檐柱层叠使得上部丁

① 王效青 . 中国古建筑术语辞典 [M]. 太原：山西人民出版社，1996.

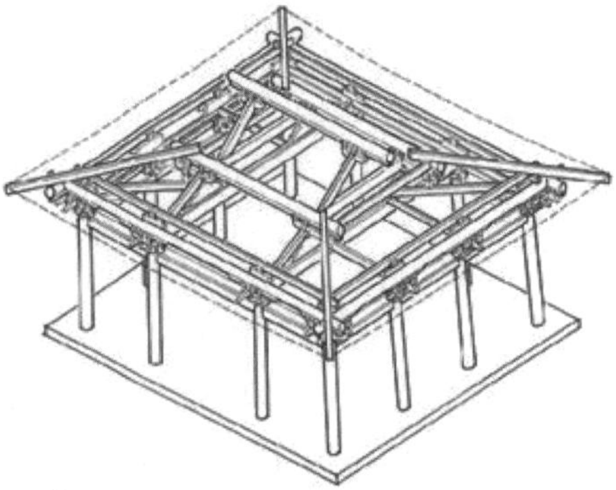
图 4-42　南禅寺大殿

图 4-43　天台庵大殿

图 4-44　天台庵大殿图

图 4-45　原起寺大殿

（来源：图 4-42 选自 www.sohu.com，图 4-43 ～图 4-45 自摄）

栿一端的高度和内柱上的斗栱承接的丁栿一端高度一致。故使得丁栿是平直的（图 4–46）。b. 因为内柱没有省去或内柱高度较高，使丁栿可以直接插入内柱中，因此丁栿不需要倾斜（图 4–47）。而倾斜型（图 4–48）和弯曲型（图 4–49）丁栿形成的原因则因为建筑多减去内柱，使得丁栿在室内无法生根，因此不得不将丁栿后尾经过处理或利用自然曲材，使之能“搭”在椽栿上。

而丁栿后尾的搭接方式、种类也非常丰富。对下部有柱子支撑的情况，通常将

图 4-46　大云院弥陀殿

图 4-47　阁院寺文殊殿

图 4-48　高平开化寺大殿图

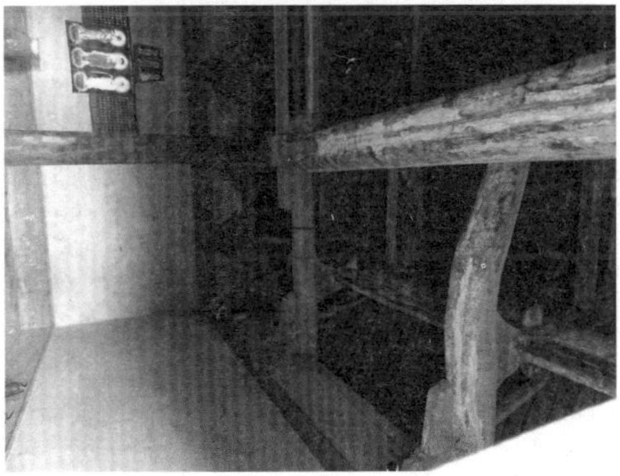

图 4-49　沁县普照寺大殿

（来源：图 4-46 ～图 4-49 自摄）

丁栿放置在内柱上部斗栱上。而对下部没有柱子支撑的，根据实地调研情况，有六种做法：a. 将梁栿上的驼峰开口，然后丁栿插入其中，搁置在梁栿上，如图 4-50 所示。b. 丁栿后尾通过合楷的支撑放置梁栿上，后尾的上部再放置斗栱等构件，承接平梁，如图 4-51 所示。c. 在四椽栿上的蜀柱下部开口，通过对丁栿进行砍削，插入其中，如图 4-52 所示。d. 丁栿后尾搁置在平梁之上，并不与蜀柱、驼峰等发生关系，纯粹只是为了解决丁栿的后尾问题。见图 4-53。e. 丁栿后尾插入固定蜀柱的合楷中，如

图 4-50　大云院弥陀殿

图 4-51　游仙寺毗卢殿

图 4-52　泽州岱庙天齐殿

图 4-53　平顺龙门寺大殿

图 4-54　泽州北义城玉皇庙玉皇殿

图 4-55　陵川北吉祥寺前殿

（图片来源：图 4-50 ～图 4-55 自摄）

图 4-54 所示。为了固定丁栿后尾，匠人有意将靠近丁栿一侧的合楷加长。此种丁栿的后尾做法虽然跟 d. 类型相似，但是在 d. 类型中，因为蜀柱上安装有劄牵，起到了固定蜀柱的作用，并没有使用合楷。f. 丁栿后尾插入上下两层的四椽栿缝隙中，如图 4-55 所示。笔者认为此类型丁栿后尾的搭接方式最为牢固。两个硕大的四椽栿将丁栿后尾“夹”在中间，限制了它的晃动，同时也限制了山面斗栱外翻。金代沁县普照寺大殿也是用此手法。

③ 丁栿仅承接山面的屋面荷载，并不支撑山面梁架。此类型建筑中虽然设置了丁栿，但在丁栿却是为了支撑山面椽子，而山面梁架则由四椽栿承担（图 4-56、图 4-57）。

（2）明、清时期顺趴梁的使用

明清时期关于顺趴梁的使用在《工程做法》中并没有涉及，只是规定了其尺寸，但是可以从后人著作中了解。马炳坚先生对顺梁的定义为：它的形态和作用与梁相同，因其安置方向与一般梁架相反——不是垂直于面阔方向，而是平行于面阔方向而得名。它的外一端做梁头，落在山面檐柱的柱头上，梁头上承接山面檐檩，内一端做榫交在

图 4-56 繁峙县岩山寺文殊殿

图 4-57 朔州崇福寺弥陀殿

（来源：图 4-56、图 4-57 选自 www.mafengwo.cn）

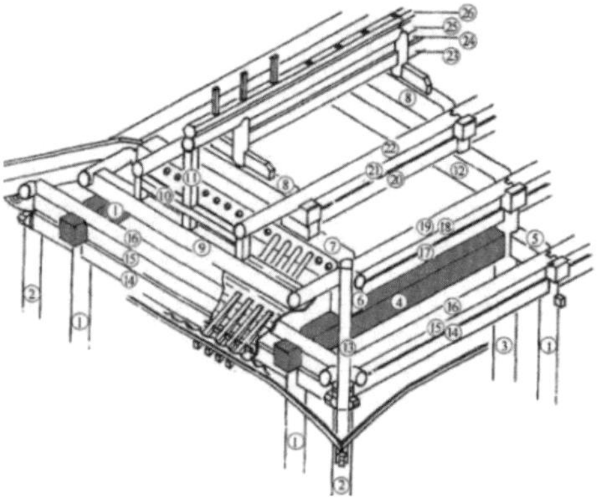

图 4–58　顺梁法

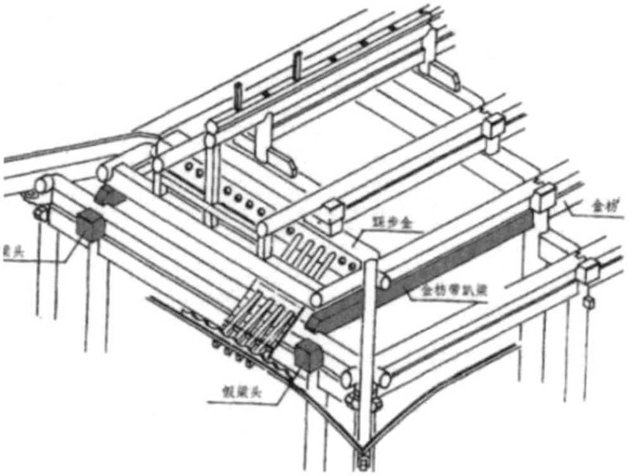

图 4–59　趴梁法

（来源：图 4–58、图 4–59 选自马炳坚《中国古建筑木作营造技术》）

金柱上[①]（图 4–58）。而对趴梁的解释则为：趴梁的外端头不是落在柱头上，而是扣在山面檐檩上，梁底与山面檐檩的立面中线向平，梁头与檩木结合处作碗子和阶梯形榫，另一端作燕尾榫与金柱柱头结合[②]（图 4–59）。

前已述及，宋金时期的丁栿就相当于明清时期的顺、趴梁，因此二者之间作用应该相似。通过实地调研我们发现，顺趴梁对建筑上部梁架的支撑也并不完全一样，主要有两方面的作用：① 顺趴梁仅起拉结作用；② 顺趴梁承接山面梁架和山面屋面荷载。

① 顺趴梁仅起拉结作用。此类建筑多为门类建筑（图 4–60、图 4–61），进深方向上三柱、四柱、五柱均可。因为中柱的存在和建筑尽间变得较小，使得山面梁架和正缝梁架重合，此时桃尖顺梁直接放置在山面斗栱上，成为斗栱的桃尖梁。而后尾则插入中柱中，并且桃尖顺梁上部不承担荷载。此类做法和宋金时期丁栿仅起拉结作用一模一样。

①、② 马炳坚．中国古建筑木作营造技术 [M]. 北京：科学出版社，1991.

图 4-60　故宫后右门

图 4-61　贞度门

（来源：图 4-60、图 4-61 自摄）

② 顺趴梁承接山面梁架和山面屋面荷载。明清时期建筑大多用满堂柱造，再加之建筑模数化的建造方式，建筑数量最多，种类也最多，祭祀类、居住类、功能类建筑都有此类型做法。即便如此，依旧有不同的做法：a. 顺梁在山面搁置在斗栱上成为桃尖顺梁，后尾插入内部金柱，而在顺梁的上部则是承接山面梁架和山面椽子的荷载。此类建筑一般尽间金柱和山面檐柱有一定距离，檐椽后尾无法搭在正缝梁架上，也就促成了此类型的产生，并且数量也最多。通过对比宋金时期，会发现这种做法和丁栿同时支撑山面梁架和屋面荷载的受力原理相同，显示出很强的传承性（图 4–62 ～图 4–65）。b. 该类型建筑较少（图 4–66），可以称之为个例。虽然亦是承接山面梁架和山面椽子的荷载，但是却与其他顺梁做法不同。该顺梁后尾搁在室内五架梁上，因为斗栱高度明显低于室内五架梁高度，故将顺梁另外一端变形、扭曲，使得梁头“强行”搭在山面斗栱上，将两头压在檐檩上不出头，虽然此类型跟 a 类顺梁的功能一样，都是为了承接上部荷载，但处理顺梁的手法却不多见。c. 因为省去了内柱，因此建筑只能使用趴梁。趴梁一端插入五架梁上部瓜柱中，另外一端经过砍削压在檐檩上，但是没有做假两头（图 4–67）。

图 4-62　故宫隆宗门

图 4-63　先农坛拜殿

图 4-64　先农坛俱服殿

图 4-65　故宫隆宗门

图 4-66　天坛皇穹宇东配殿

图 4-67　智珠寺过殿

（图片来源：图 4-64～图 4-67 自摄）

四、翼角椽子的布置

1. 翼角椽子的定义

人们对歇山建筑的喜爱，除了其内部复杂的结构以外，最重要的就是其屋面——“如鸟斯革，如翚斯飞”①，虽然屋面硕大，但是远观似鸟如飞，体态轻盈。而决定其“鸟”状形态的基本原因是因为其高高翘起的角梁和角部椽子。

支撑起歇山的山面，除了其内部主要受力外，还需要排布椽子才能支撑上部的灰背和瓦件。山面平身椽的排布与正面正身椽的排布并无特别之处，而翼角处的椽子排布却不一样。关于翼角椽的记载，《营造法式·卷五·用椽之制》：若四裴元回槫角者，并随角梁分布，令椽头疏密得所，过角归间，至次角补间铺作心，并随上中架取直。② 卷五造檐之制中：其檐自次角补间铺作心，椽头皆生出向外，渐至角梁③。对于飞子则规定：若近角飞子，随势上曲，令背与小连檐平④。从《营造法式》对檐椽的解读中我们可以看出，椽子是随着角梁的走势，逐渐由正身椽向角部变为翼角椽，高度也逐渐变高。

《工程做法》中并没有关于翼角椽做法的描述，只是对其翼角椽的尺寸进行了相应的规定。

2. 翼角椽子的安装方式

（1）唐、宋、金时期翼角椽子的安装方式

因为在转角位置，椽子后尾只能跟角梁发生关系才能搭接，通过实地调研和分析，

---

① [春秋]. 诗经 [M]. 北京：中华书局，2006，9.

②、③、④ [宋] 李诫 . 营造法 [M]. 北京：商务印书馆，1954.

图 4-68　唐懿德太子墓壁画宫阙

图 4-69　龙门石窟摩崖石塔

（图片来源：图 4-68 选自李百进《唐风建筑营造》，图 4-69 选自 www.baidu.com）

翼角椽子与角梁的关系从梁架仰视图上看，翼角椽布置则分为：平行式、平行＋斜列式、平行＋辐射式、扇形辐射式四种方式①。

① 平行式。此种类型椽子的排布，在我国已无现存实例，但是我们依旧可以从壁画（图 4-68）中看出角部檐椽和正身椽都是平行式。另外，此种形式的椽子排布还存在于龙门石窟的摩崖石塔（图 4-69）和日本法起寺中的三重塔等建筑。

② 平行＋斜列式。此类椽子的排布最早能看到的实物就是南禅寺大殿。从图 4-70 可以看出此时的斜列式更像是平行式排布的变形，最末端的几根翼角椽是平行式的，而前面几列椽子则是倾斜式的，倾斜方向看似毫无规律，但是椽尾倾斜的方向却都朝向大角梁尾。

③ 平行＋辐射式。此类椽子的排布更像平行＋倾斜式的变形，如图 4-71 ～图 4-73 所示。与之不同的是成辐射状的椽子后尾交接更加密集，有些椽子甚至需要经过砍削才能实现排布，并且如果延长成辐射状的椽子的中线，会有明显的交点。而斜列式却

① 贺大龙．晋东南早期建筑专题研究 [M]. 北京：文物出版社，2015.

图 4-70　南禅寺大殿图角椽排布

图 4-71　天台庵大殿角椽排布

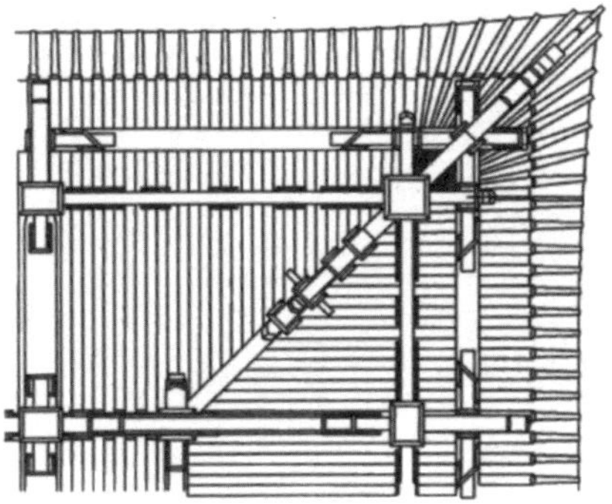

图 4-72　小张碧云寺正殿角椽排布

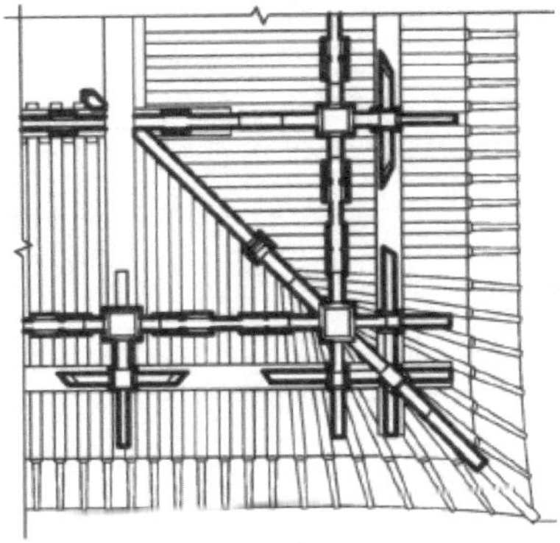

图 4-73　原起寺大殿角椽排布

（来源：图 4-70、图 4-72 选自贺大龙《晋东南早期建筑专题研究》，图 4-71 选自李百进《唐风建筑营造》，图 4-73 选自北京工业大学测绘）

仅倾斜排布在大角梁上，后尾之间彼此相距甚远。椽子排布到后期种类更多。此类型椽子的后尾排布方式明显增多，建筑数量也变多了。

④ 扇形辐射式。此类型椽子的排布则又是平行 + 辐射的变形。在角部平行排布的椽子已经消失，椽子成扇形排布，从挨着正身椽的翼角椽开始，椽子就已开始有倾

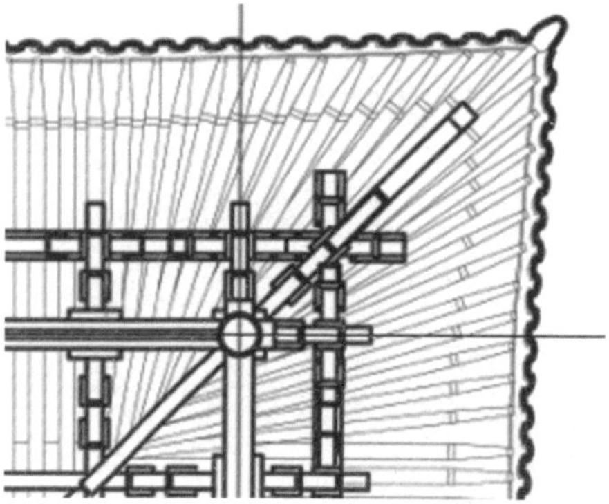

图 4–74　大云院弥陀殿角椽排布

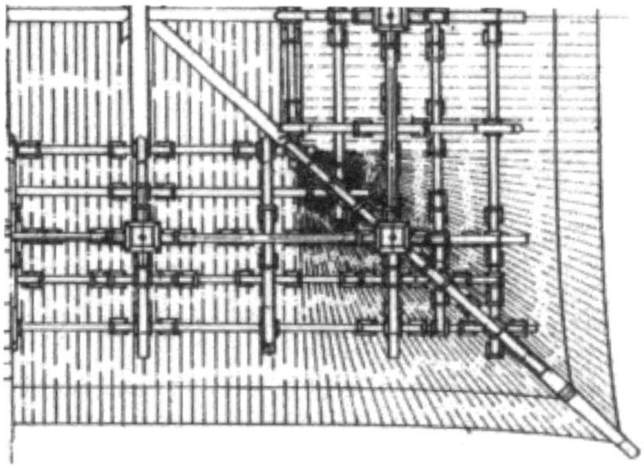

图 4–75　崇明寺中佛殿角椽排布

（图片来源：图 4–74 选自北京工业大学测绘，图 4–75 选自李百进《唐风建筑营造》）

斜的角度，通过延长倾斜椽子的后尾，其中线交接位置也不一样，图 4–74 中是交在下平槫和补间斗栱的交点处，而图 4–75 则是交在下平槫与大角梁的交接处。由此可见，早期建筑施工和技术不同，扇形中点的位置也不同。

（2）明、清时期的翼角椽子的安装方式

明清时期因为建筑建造的标准化，椽子后尾安装也成为统一的样式。《工程做法》中虽然并没有涉及椽子后尾与角梁的关系，而后人在研究过程中，对翼角搭接却总结出两个明显结果。从图 4–76、图 4–77 可以看出，梁思成版的类似于早期建筑的扇形辐射状，椽子中线交接为两侧金檩和老角梁的交点处。而马炳坚版本则接近斜列式 + 辐射式，椽子中线的延长线虽然不在建筑构件的任一点上，但是将角梁两侧对应位置椽子中线延长也会发现，交点是在角梁中线上，并且将两侧对应椽子均通过延长交接，则交点均匀散布在椽子的中线上。

而在实地调研中，除了梁思成版和马炳坚版翼角椽搭接外，还发现许多明清建筑依旧延续了早期椽子后尾的排布方式：平行 + 斜列式、扇形辐射式两种方式。a. 扇形辐射式。从图 4–78、图 4–79 中我们可以看出，椽子中线的延长线交在金柱和老角梁

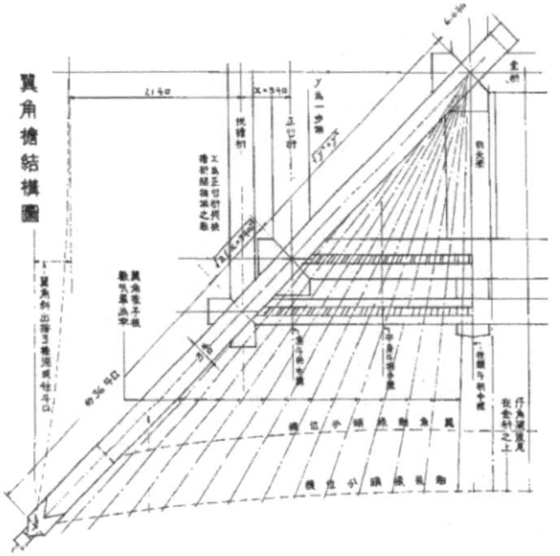

图 4-76　梁思成版翼角椽搭接

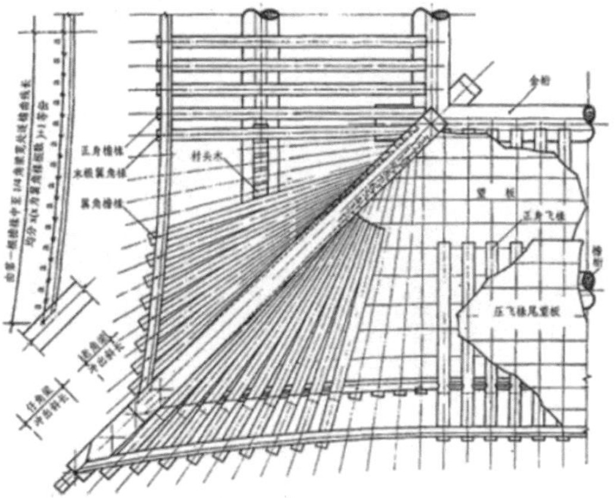

图 4-77　马炳坚版翼角椽搭接

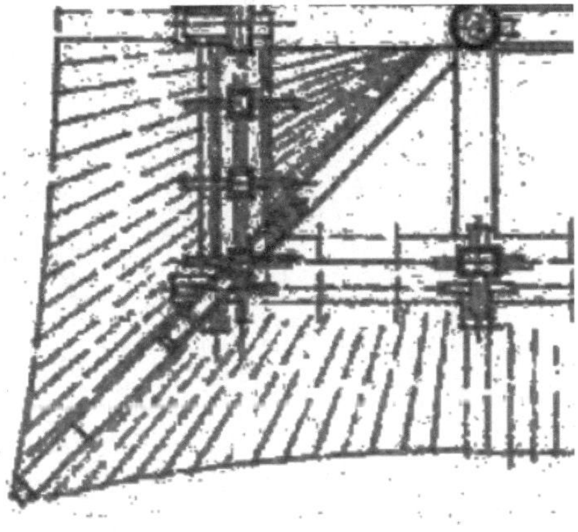

图 4-78　故宫后右门翼角椽排布

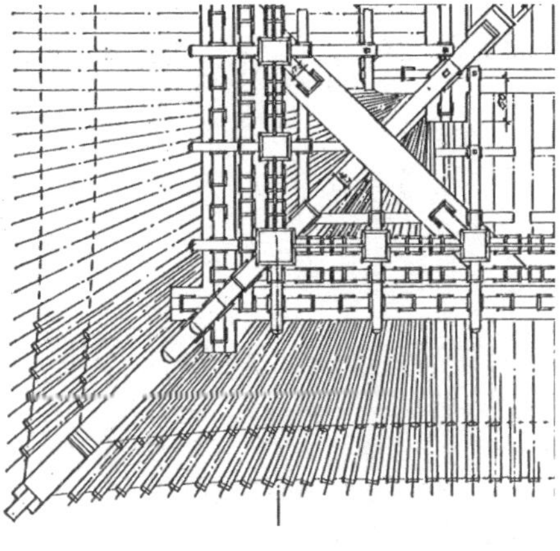

图 4-79　先农坛拜殿翼角椽排布

（来源：图 4-76 选自梁思成《清式营造则例》，图 4-77 选自马炳坚《中国古建筑木作营造技术》，图 4-78、图 4-81 选自《北京城中轴线古建筑实测图集》）

的后尾处；b. 平行 + 斜列式。图 4-80 凝禧殿中共有 17 根翼角椽，前面 16 根均为斜列式而第 17 根椽子则变成了平行椽子。图 4-81 景运门同样有 17 根翼角椽，而最后两根为平行椽子。

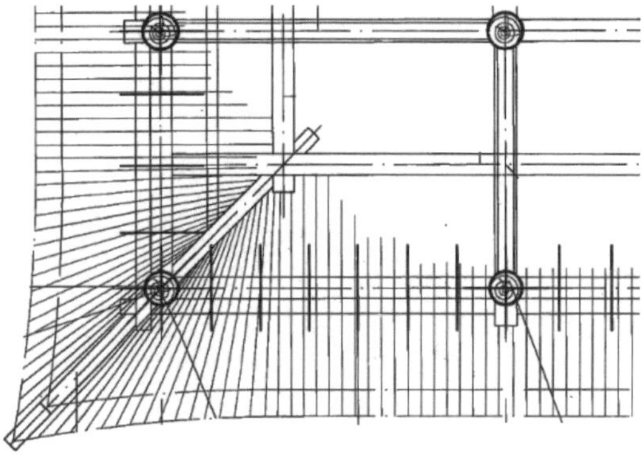

图 4-80　天坛凝禧殿翼角椽排布

（来源：图 4-79、图 4-80 选自北京市古代建筑研究所）

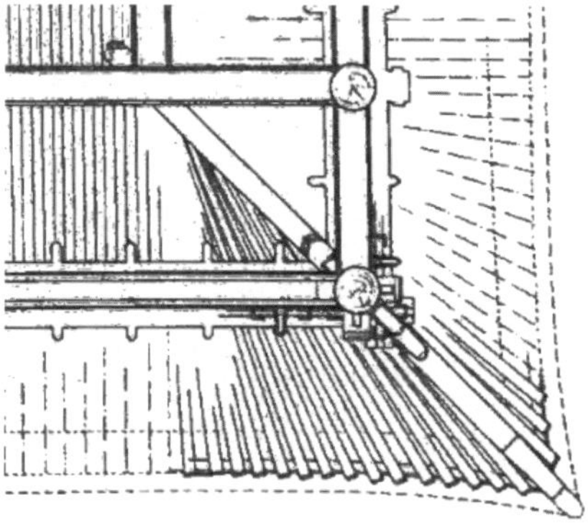

图 4-81　故宫景运门翼角椽排布

五、早晚期受力构件对比分析

1. 角梁后尾搭接对比

对于角梁后尾的搭接关系，通过表 4–1 我们就可以看出，插金法延续了角梁搭接在下平槫上的做法，而扣金法则延续了角梁搭接在下平槫下的做法。角梁交接于系头栿、下平槫和插金法均为各时期所特有。而角梁交接于系头栿、下平槫没有延续到后期的原因，则是因为明清时期斗栱尺寸减小，纤细的斗栱不能像早期一样负担起硕大的角梁及其上部承接的屋面等构件的重量。另外，明清时期力的传导更加明快、直接，从而此种用法在后期已经很少见。

2. 踩步金的使用对比

对踩步金的使用，我们可以从表 4–2 中看到，明清时期不使用踩步金更像是早期建筑两种不使用踩步金的结合，用正缝梁架承接椽子后尾。而在有踩步金的建筑中，

表 4-1　角梁后尾搭接对比

唐、宋、金做法	代表建筑	明清时期做法	代表建筑	是否有延续性
搭接在下平槫上	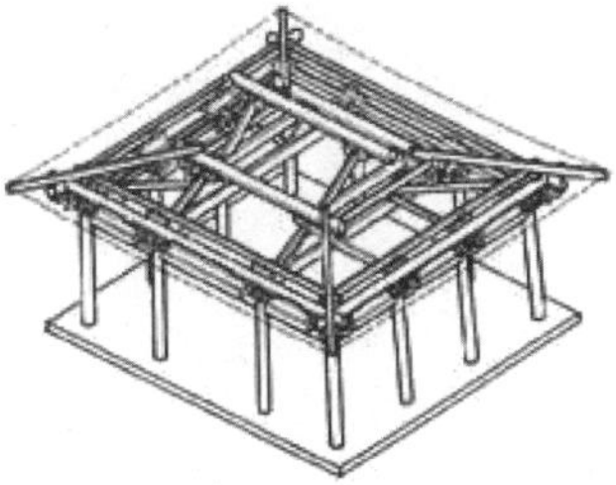	压金法		两种做法有延续性
搭接在下平槫下		扣金法		两种做法有延续性
交接于系头栿、下平槫		插金法		两种做法均具有各自时代性

来源：笔者根据搜集的图纸和自摄照片自绘

表 4–2　踩步金的使用

<table>
<tr><th colspan="2">唐、宋、金做法</th><th>代表建筑</th><th colspan="2">明清时期做法</th><th>代表建筑</th><th>是否有延续性</th></tr>
<tr><td rowspan="2">不使用系头栿</td><td>承椽枋承接后尾</td><td>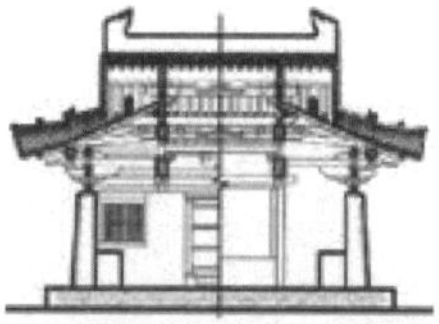</td><td rowspan="2">不使用踩步金</td><td rowspan="2">使用踩步金梁承接椽子</td><td rowspan="2">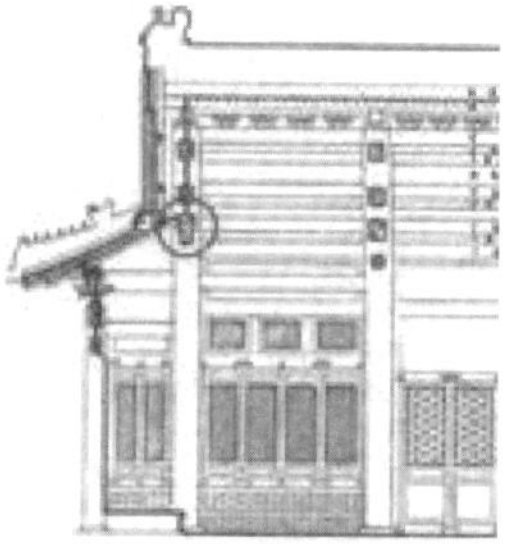</td><td rowspan="2">具有一定传承性</td></tr>
<tr><td>槫承接椽尾</td><td></td></tr>
<tr><td rowspan="4">设置系头栿</td><td>承接椽子和上部的部分梁架</td><td>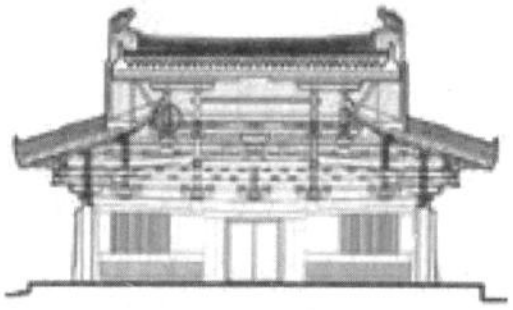</td><td rowspan="4">使用踩步金</td><td>承接上部梁架，椽子后尾在踩步金的上部</td><td>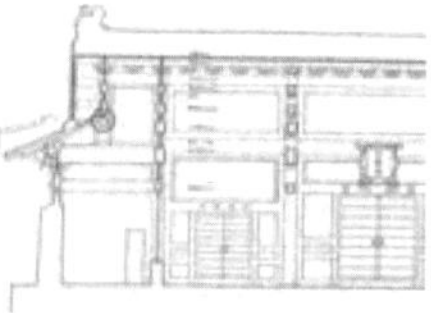</td><td rowspan="4">具有一定传承性</td></tr>
<tr><td>承接山面的椽子和上部的全部梁架</td><td>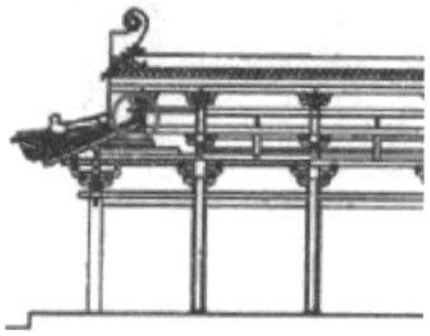</td><td>承接上部梁架，椽子后尾插入踩步金</td><td>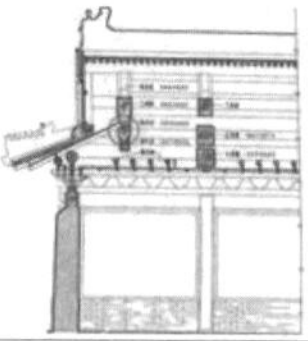</td></tr>
<tr><td></td><td></td><td>承接上部上部梁架，椽子后尾搭在檩上</td><td>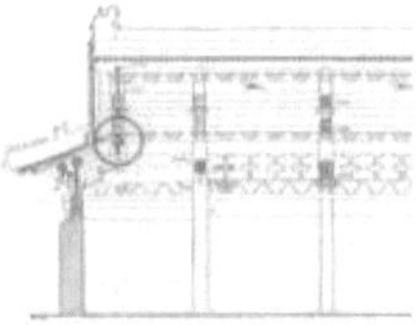</td></tr>
<tr><td></td><td></td><td>承接上部上部梁架，椽子后尾插入承椽枋中</td><td>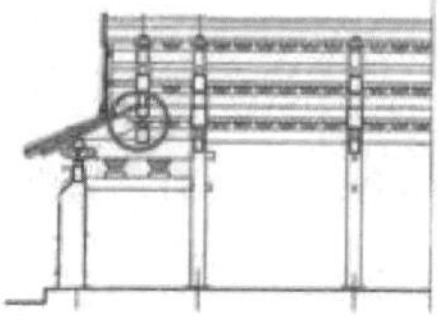</td></tr>
</table>

来源：笔者根据搜集的图纸和自摄照片自绘

明清时期，只要出现踩步金，就必定承接梁架。而早期建筑却恰好相反，踩步金的出现最主要的功能之一就是承接椽子，而对是否承接上部梁架则分建筑而论。从踩步金的使用和与构架的关系来说，早晚期做法还是具有传承关系。

3. 顺趴梁的使用对比

对比顺趴梁的作用，通过表 4–3 我们可以得出：顺趴梁（丁栿）的作用在早晚期建筑中呈明显的延续性，虽然后尾与梁架之间的搭接方式不尽相同，但其作用却异曲同工。而仅承接山面的屋面荷载，不支撑山面梁架这种做法却是早期建筑特有的，在明清建筑中并没有见到。因为在后期建筑中，如果尽间较小，就将山面梁架与正缝梁架重合使用。如果尽间较大，则踩步金直接承接上部梁架和屋面荷载，不存在仅支撑屋面荷载的做法。

表 4–3　顺趴梁的使用

唐、宋、金做法	代表建筑	明清时期做法	代表建筑	是否有延续性
丁栿仅起拉结作用		顺趴梁仅起支撑作用		具有非常强延续性
丁栿同时支撑山面梁架和屋面荷载		顺趴梁承接山面梁架和山面屋面荷载		具有非常强延续性

续表

唐、宋、金做法	代表建筑	明清时期做法	代表建筑	是否有延续性
丁栿仅承接山面的屋面荷载，并不支撑山面梁架				为该时代独有特征

来源：笔者根据搜集的图纸和自摄照片自绘

4. 翼角椽子的使用对比

通过表 4–4，对比歇山建筑尾部翼角椽的排布就会发现，早期建筑中翼角椽子的搭接方式为平行式、平行 + 斜列式、平行 + 辐射式和扇形辐射式，而明清时期翼角椽子的搭接则是扇形辐射式、平行 + 斜列式。平行式在后期消失的原因是椽子插入角梁内部，这就必须要求起翘较小，近角梁处不能使用撑头木等构件。从力学方面讲，早期建筑之间更重视单个方向的连接，而在后期，建筑构件越来越重视整体连接性，将角梁开出椽槽，然后斜贴（通过钉子钉在槽内）上去，这就增加了受力面积并且翼角椽子相互摩擦和挤压，也增加了牢固性。从美学观点看，平行式屋檐在早期经济、社会等都不发达的情况下，人们的审美并没有上升到一定高度，所以有一定存在意义。而在后期，由于经济、文化繁荣，人们越来越重视建筑的美感，所以存在意义就不大了。而明清时期的椽子排布则延续了早期的平行 + 斜列式、扇形辐射式，另外后期建筑虽无平行 + 辐射式，但我们可以把扇形辐射状看作是其延伸。

表 4–4　翼角椽子的使用

唐、宋、金做法	代表建筑	明清时期做法	代表建筑	是否有延续性
平行式				为该时代独有特征
平行 + 斜列式	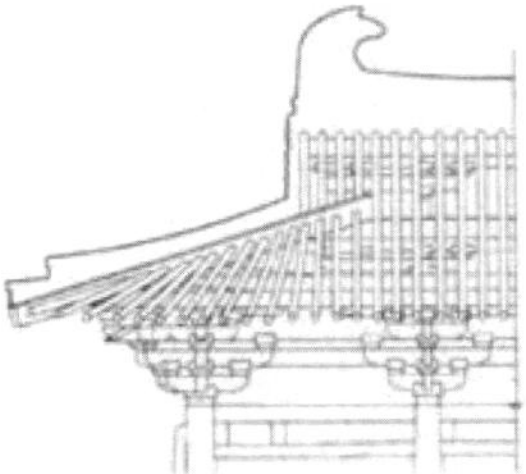	平行 + 斜列式	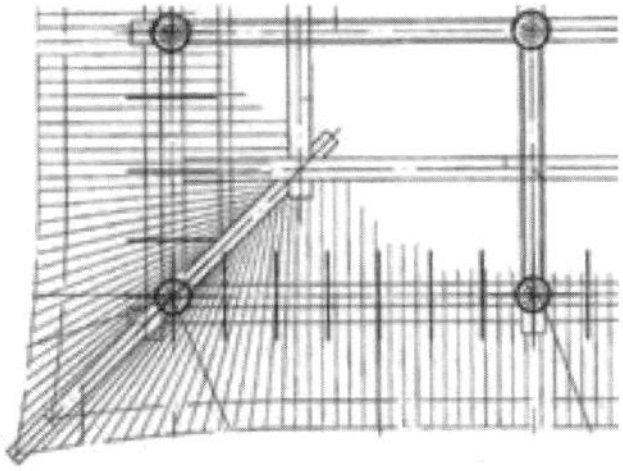	具有非常强延续性
平行 + 辐射式	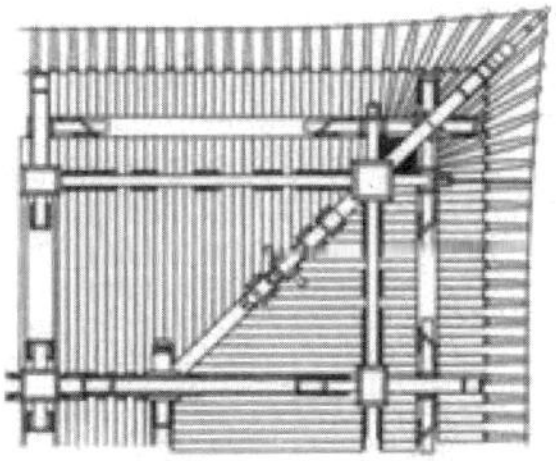			此时期独有建筑
扇形辐射式	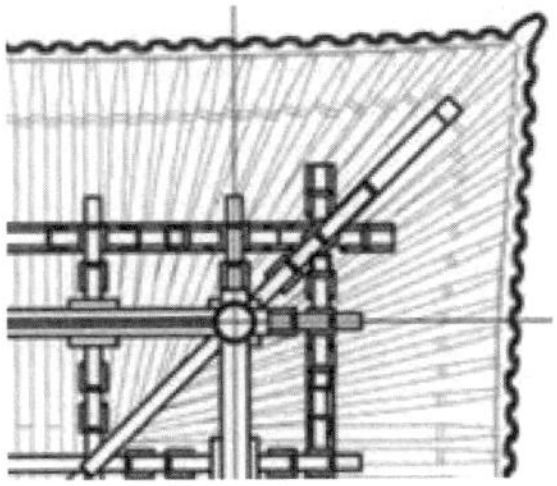	扇形辐射式	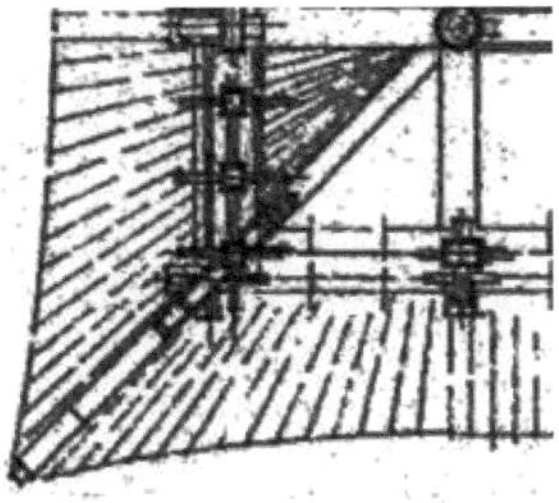	具有非常强延续性

来源：笔者根据搜集的图纸、资料自绘

六、本章小结

本章中主要对歇山建筑中的主要受力构件进行了相关分析和总结，通过建筑中的角梁、踩步金、顺趴梁、翼角椽子的类比发现了早晚期歇山建筑体系的一脉相承，早晚期的山面构架和受力方式上，呈现出时代的延续性、独有性和创新性。

第五章 歇山斗栱作用分析

一、斗栱形象概述

斗栱是我国传统木建筑的一个代表符号，从早期斗栱传到毗邻的朝鲜、日本等国，到后来营造学社专门研究斗栱，获得“斗栱学社”[①]的美誉，再到现在提及古建筑人们首先想起的就是斗栱，无不体现了斗栱的重要性和美感。

对于斗栱的起源众说纷纭，并没有一个明确说法，但目前所能看到的最具斗栱形象的就是西周时期的青铜器令簋（图5-1）。从青铜器中可以看出此时已经出现了栌斗、横栱、方形短柱等后期斗栱具备的形象，而刘敦桢先生据此推断斗栱至迟在商晚期就已出现[②]。我们可以发现此时出现的斗栱形象非常原始，栌斗、横栱的出现都只是为了支撑上部的方台而设置，想法非常简单，就是一些简单的力学思想。

汉代出现了比较具象化和明显具有支撑作用的斗栱。无论画像砖还是明器、石阙等中都可以看到斗栱的身影，并且斗栱已经开始兼具装饰和力学双重功能。根据出土文物可知斗栱样式多为一斗二升或一斗三升（图5-2）。此时的斗栱可谓“简单粗暴”型，目的非常明确，就是为了承接枋，以使得屋檐更加深远。先是在柱头上伸出纵向的栱承接栌斗，之后就是在栌斗上直接放置横向方木进行叠加提高承接高度，以便于承接上部的枋。而多层枋木之间用小斗相隔，显得没有那么笨重。横向起支撑作用的栱也形象各异，通过将木料进行砍杀，形成折线形或弯曲形，还有一些云纹形的，反映出此时的匠人或统治者已不仅仅满足通过斗栱悬挑产生大空间了，也需要斗栱兼具美观，具有装饰性。此时斗栱的位置按照唐宋时期的说法分为檐下斗栱和平坐斗栱，其中檐下斗栱又分为补间铺作、柱头铺作和转角铺作，其中补间铺作和柱头铺作虽然与后世相异，但依旧可以从中找到其影子。而转角铺作则明显

① 杨鸿勋．杨鸿勋建筑考古论文集[M]．北京：清华大学出版社，2008.

② 刘敦桢．中国古代建筑史[M]．北京：中国建筑工业出版社，2003.

图 5–1　西周青铜器令簋

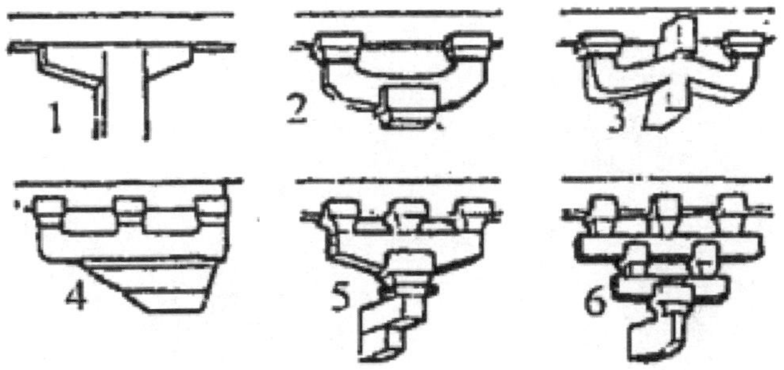

图 5–2　汉代斗栱类型示例

（图片来源：图 5–1 选自刘敦桢《中国古代建筑史》，图 5–2 选自潘谷西《中国建筑史》）

与之不同，共有两种处理方法：①在近转角部分由山面、正面的斗栱各出一相距很近的小斗承托檐枋，让两侧檐枋直接相碰于转角处。②以下部柱子直接承接上部檐枋，斗栱仅用于平身科。

从两汉到隋唐，斗栱经过历代发展，匠人对斗栱的使用有了更深层次的理解，隋唐时期的斗栱也因此非常成熟，此时的斗栱因其硕大的构件、庞大的体积而给人深刻印象。另外因为斗栱的使用，屋檐挑出更加深远。以南禅寺大殿（图 5–3）和广仁王庙大殿（图 5–4）为例：南禅寺大殿斗栱层高 1.81 米，占梁架总高的 0.236，占檐柱高的 0.5，正身椽椽头到檐柱中线的距离则达到了 2.34 米。而广仁王庙大殿斗栱高度 0.94 米，占檐柱高为 0.31，正身椽椽头到檐柱中线的距离则达到了 1.6 米。由此可以看出正是因为硕大的斗栱才使得深远的屋檐得以建成。另外，斗栱对整体建筑也相当重要，在殿堂类建筑中专门设置铺作层已成为一个标准。斗栱根据分布位置不同出现了柱头铺作、补间铺作、转角铺作，柱头铺作和转角铺作已较为成熟，与后世所看到的较为相似。而补间铺作则尚在发展中，从壁画等材料中可以看出人字形、扶壁栱等样式都在使用或是根本不用补间铺作，从结构上看也仅是为了支撑上部的柱头枋等，

图 5-3　南禅寺大殿

图 5-4　广仁王庙大殿

（图片来源：图 5-3、图 5-4 选自 www.sohu.com）

功能较为单一。总体来说，斗栱在装饰、构造和结构等方面都达到了很高成就，结构和形式实现了完美统一[①]，并且主要是柱头铺作、转角铺作起力学作用，补间铺作更多的起辅助作用。

宋代由于经济繁荣和文化发展，斗栱线条更加柔美。从外观看，斗栱明显比隋唐时期小很多，在美观上有了一步发展，这也在一定程度上对辽、金建筑产生了影响。从结构上分析，《营造法式·卷四·总铺作次序》中已经明确规定："当心间须用补间铺作两朵，次间及梢间各用一朵。其铺作分布，令远近皆匀[②]。"说明此时已经对补间铺作的使用有了规定，并且各间都不一样。根据实际调研情况，建筑心间不用铺作或者仅用一朵的居多，而次间及梢间不使用或仅使用一朵的居多（图 5-5、图 5-6）。从力学性质说，斗栱已不单是一个受力构件，还有传导力的作用。此时的斗栱最主要运用了杠杆作用，而这个杠杆就是下昂。下昂上端承接草栿或下平槫，下端压在挑檐枋、瓜栱等斗栱构件下部，挑起屋檐的椽子等。宋金时期的屋檐虽然不及隋唐时期那

① 谢启伟．浅谈斗栱的历时性特征 [J]. 城市建筑，2014(06):348.

② ［宋］李诫．营造法式 [M]. 北京：商务印书馆，1954.

图 5-5　陵川北吉祥寺

图 5-6　中坪二仙宫正殿

（来源：图 5-5、图 5-6 自摄）

么深远，但因为举折增大，屋面陡峭度加大，却使雨水能够“抛”得更远，依旧避免了打湿墙体。另外补间铺作向外出跳，与柱头铺作、转角铺作共同承接挑出的罗汉枋、撩檐枋、压槽枋等一系列横向支撑屋面出檐的构件，较隋唐进一步发展，可以说是力与美的综合发展。

明清时期的斗栱已与隋唐、宋辽金时期的发生了质的变化。斗栱的结构性和力学性能衰退，而美学性能增加。斗栱以攒数多少定等级，赋予了其政治形象（图 5-7、图 5-8）。另外斗栱构件尺寸更小了，但其“斗口制”的使用，使建筑的计算更加简便，易于匠人操作。从结构功能上说，由于制砖技术的进步，使砖能够大规模使用在建筑中，墙体不怕雨水侵蚀。另外，屋檐举折更大，雨水抛出更远，从而进一步削弱了斗栱对屋檐挑出的作用。从结构力学上说，斗栱在早期起支撑、悬挑、搭接等多功能的作用，因此必须要用大的木材才能实现。而明清时期，由于建筑整体受力方式改变，斗栱变成了受压构件，尤以柱头斗栱为甚，硕大的挑尖梁压在斗栱之上。此时的柱头科斗栱更像一个弹簧一般，主要起到支撑上部挑尖梁的作用。而平身科斗栱则主要承接上部的挑檐桁、正心桁和挑檐枋。而对宋、金非常重要的昂，明初依旧能看到真昂

图 5-7　先农坛拜殿

图 5-8　故宫昭德门

（来源：图 5-7、图 5-8 自摄）

（仅出现在溜金斗栱中，其前身可追溯至宋金时期的平身科斗栱，但数量极少），随着后期受力形式及做法的改进，真昂变成了假昂，再到后来也失去了受力能力，但是遵循古例依旧保留了下端昂嘴的样式，变成了一个装饰品。

二、斗栱类型及作用

1. 斗栱的类型

斗栱也就是宋代《营造法式》中所说的铺作，是我国传统建筑中独特的结构形式。《营造法式》和《工程做法》中均将其归入大木作一类中，由此可以看出斗栱的重要性。斗栱在歇山建筑中使用非常广泛。建筑外立面和内部构架中均有其身影，而根据其不同位置、不同作用，斗栱也担当着不同的角色。

《营造法式·卷三十》中共列出了 20 类不同种类的平身科斗栱，斗栱最小的为出四铺作，最大的为八铺作。在列出的斗栱类型中，均属于较“规矩”的类型，即栱类构件之间均为 90° 相交（而在现实中，我们还可以看到栱呈 45° 或 60° 相交的类型，因其种类较少，故此不再赘述）。而所示斗栱还可分为使用昂或不使用昂两类（图 5-9、图 5-10）。虽然《营造法式》作为一部指导规范用书，所列斗栱样式都为计心造样式，并且斗栱的体量从四铺作到八铺作也都涵盖在内，但在现存遗构中，斗栱的铺作数和类型却更灵活。通过实地调研可以总结出来，唐、宋、金时期铺作多以四、五铺作为主，这也与其体量多为三开间有关。仅个别建筑如高平崇明寺中佛殿、平遥镇国寺万佛殿等几栋建筑使用了七铺作。

明清时期斗栱的体量相对大幅减小，但其作用及社会赋予的建筑色彩却更加突出。《工程做法》一书中竟有 18 小节都涉及斗栱，并且以平身科大斗的斗口作为模数来计算整栋建筑，足以说明此时期斗栱的分量。书中并未涉及斗栱的侧样图，王璞子先生根据现存实例将斗栱总共分为五类：①翘昂斗栱，②一斗二升交麻叶与一斗三升斗科，③三滴水品字科与内里棋盘板上安装品字科，④隔架科，⑤挑金溜金斗栱。[①] 第一类斗栱多使用于较高级的建筑或体量较大的建筑中，而斗栱最多可达十一踩。第二类多用于一些次要建筑中，第三、四类斗栱则多用于室内，第五类虽然也属于外檐斗栱，仅见于明早期建筑中，之后并不存在。

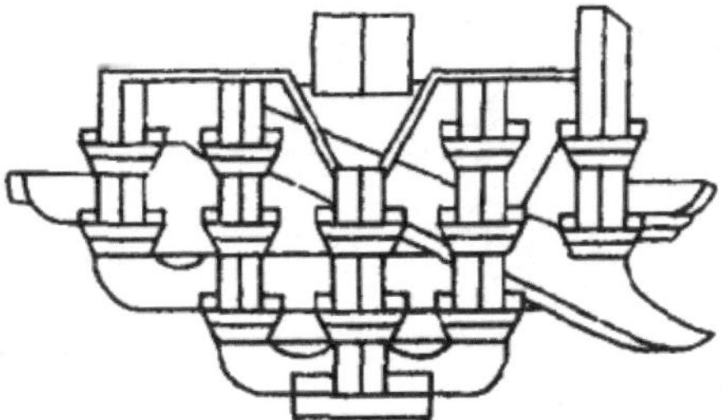

图 5-9　五铺作重栱单抄单下昂铺作

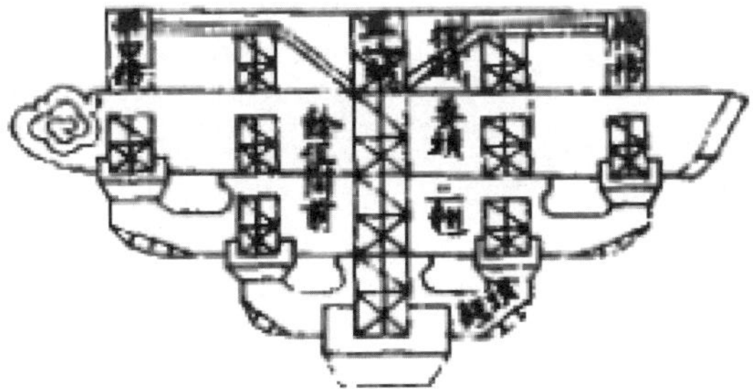

图 5-10　五彩二翘品字科斗栱

（来源：图 5-9、图 5-10 选自李诫《营造法式》）

① 王璞子．工程做法注释 [M]．北京：中国建筑工业出版社，1995.

2. 斗栱在歇山中的作用分析

整体来看，斗栱作为建筑中不可或缺的构件形式，下部以柱子、阑额等构件为支撑，上部承托枋、檩、椽等构件，在建筑中起到了承上启下的作用。但是斗栱却在不同时期扮演着不同角色（对歇山建筑，山面的柱头铺作样式同正面的柱头铺作在室外形式相似、功能相同，而在室内部分则主要起承接丁栿之用，前文中已对早期建筑丁栿和明清时期的顺趴梁与山面斗栱的关系进行过详细分析，在此不再赘述，仅研究正面的斗栱在歇山建筑中的作用）。

（1）《营造法式》和《工程做法》中斗栱的作用

《营造法式》中将建筑分为了殿堂和厅堂两类，并且分别给出了其侧样图。殿堂类建筑根据其斗栱是否使用昂又可分为两类：①使用昂的，如图 5–11、图 5–12 中，内柱上的斗栱均承接上部的梁栿，而外檐斗栱除了承接上部梁栿之外还要承接檐部，椽栿跨过了檐柱中线压在斗栱上；②不使用昂的，其中图 5–11 中因使用下昂使得斗栱与梁栿接触面更大，也更加稳定。厅堂类建筑中虽然《营造法式》中给出了 18 个侧样图，但斗栱类型比较单一，外檐都没有使用昂，斗栱也都是四铺作。在厅堂类建筑中（图 5–13、5–14），斗栱的耍头后尾是 X 椽栿的梁头。此时檐部斗栱承受的力主要来自 X 椽栿及其传递到 X 椽栿的压力的混合力和屋檐上部的力。

《工程做法》中带斗栱的歇山共有两个例子（图 5–15、图 5–16），在侧样图中画出了明显的斗栱层的样式，用于支撑上部梁架及屋盖，沿袭了早期殿堂的做法。但是斗栱仅支撑上部 N 架梁，与檐檩的关系却比较模糊。斗栱则放置在双步梁或九架梁上再通过垫板才与铺作层发生关系，这种做法在现实中并没有见到。

（2）唐、宋、金时期歇山中的斗栱作用

《营造法式》中给出的侧样中殿堂类建筑内外柱同高，铺作层的铺作数也相同，但现实中完全符合此种类型的建筑数量较少，有相当一部分建筑内外柱不是严格的等

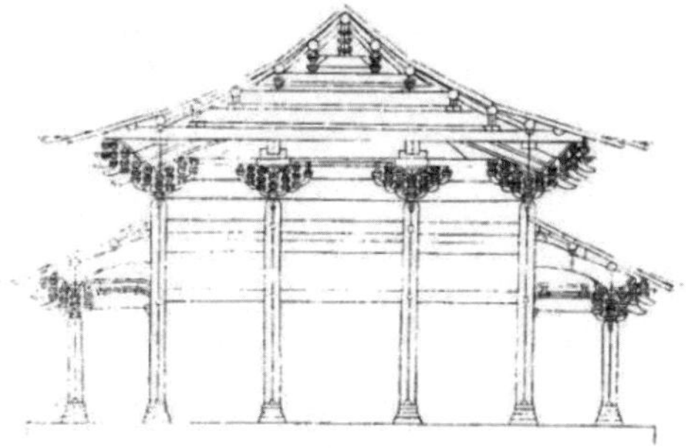

图 5-11　殿堂建筑铺作带昂

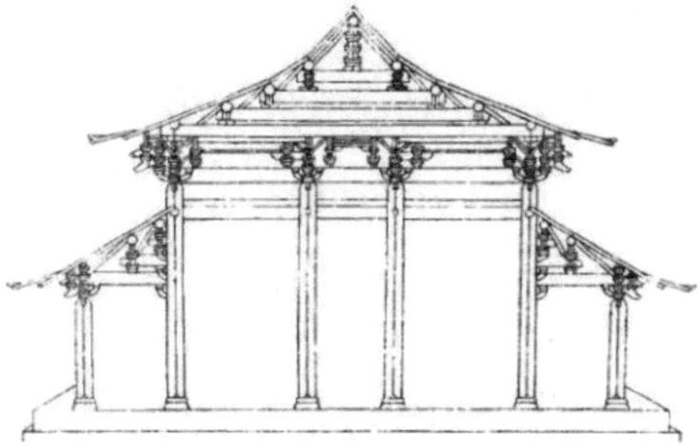

图 5-12　殿堂建筑铺作不用昂

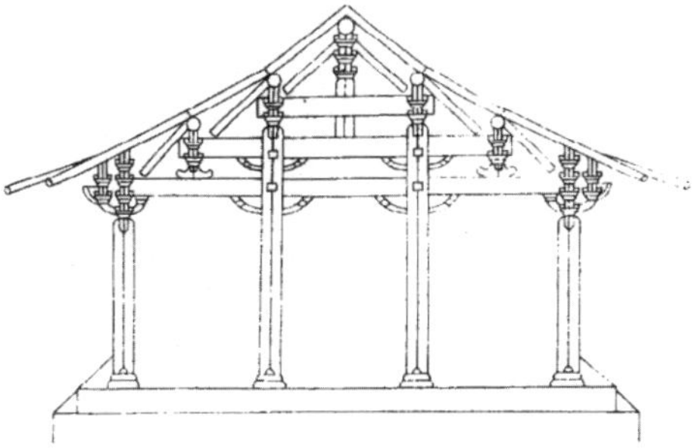

图 5-13　六架椽厅堂类建筑

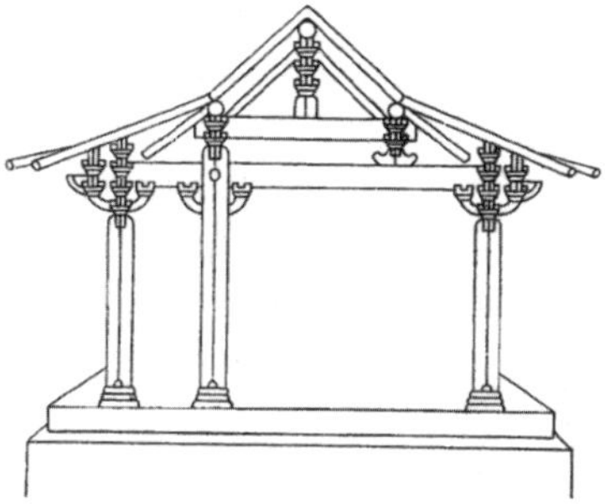

图 5-14　四架椽厅堂类建筑

图 5-15　九檩单檐歇山带斗栱

图 5-16　七檩单檐歇山带斗栱

（图片来源：图 5-11 ～图 5-14 选自李诫《营造法式》，图 5-15、图 5-16《工程做法》）

高，仅仅相差一到两铺作，但依旧可以明显看出柱网层、铺作层和屋盖层，因此在前文中已将此类建筑归纳为广义的殿堂造。而厅堂类建筑因其更加科学的受力方式，而被后人所接受，且建筑形式易于辨别。

殿堂类歇山斗栱分析：在此类建筑中根据斗栱是否带有昂可以分为两类：a. 带昂铺作（图 5–17、图 5–18）。柱头铺作中缝上的泥道栱隐刻在柱头枋上，铺作出两跳承接上部的罗汉枋和檐槫。外檐斗栱在室外部分为了承托上部的构件，因此采用了计心造。而在内部，将昂的上部做平承接上部的梁栿，因为梁栿重量的原因，不需要内外出挑的构架相同，故此使用了偷心做法。并且梁栿压在外檐斗栱的长度过斗栱的中线，梁头重量完全由斗栱承担。内柱上的斗栱则成为两侧椽栿的交汇处，而斗栱形式也较简单，为了不影响室内空间使用，因此栱的搭接均为横平竖直的十字搭接，使用偷心造。因为梁栿重量由柱头铺作承担，故此仅在补间铺作的柱头枋上隐刻出斗栱的样式，在枋之间安装小斗作为间隔。而转角铺作部分在室外为计心造，在室内则为偷心造，转角铺作在室内的作用也非常明显——承接上部角梁。b. 不带昂铺作（如图 5–19、图 5–20 所示）。此类殿堂建筑中因不使用昂，所以檐部斗栱形式看起来就复杂许多，不像用昂的建筑那么灵巧。柱头铺作的室外部分可以使用计心造也可以使用偷心造，具体情况根据其上部是否承接罗汉枋而定。铺作在室外承接上部的罗汉枋、檐槫和梁栿，室内则均做偷心造承接上部的梁栿。X 架梁梁头伸出柱头铺作，做成衬方头的样式成为铺作的一部分。而在内柱上的斗栱横栱呈 90° 交叉排布，并且使用偷心方式承接两侧梁栿。如图 5–17 中补间铺作在室外承接罗汉枋和檐槫，在室内承接令栱以承接上部的罗汉枋。转角铺作在室外第二跳上偷心，而室内则全部偷心。其目的有二：①放置与相近的补间铺作“打架”，②内部斜处 45° 主要是为了承接角梁之用，没必要使用计心造。而图 5–20 补间铺作室外使用计心造接罗汉枋和檐槫，室内偷心造承接上部罗汉枋。转角铺作的使用则是室外计心造，室内偷心承接角梁。

图 5-17　龙门寺大殿

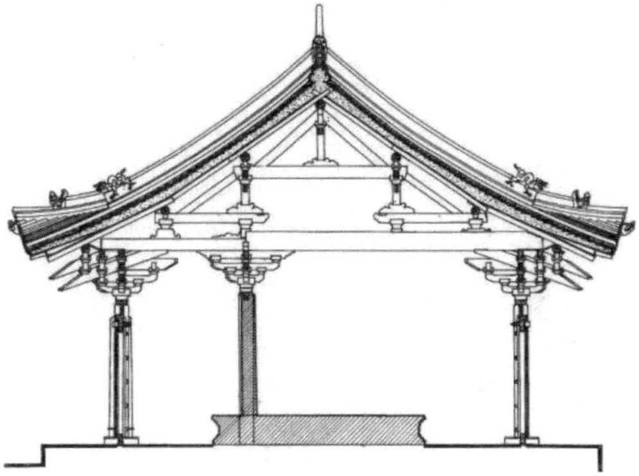

图 5-18　青莲寺释迦殿

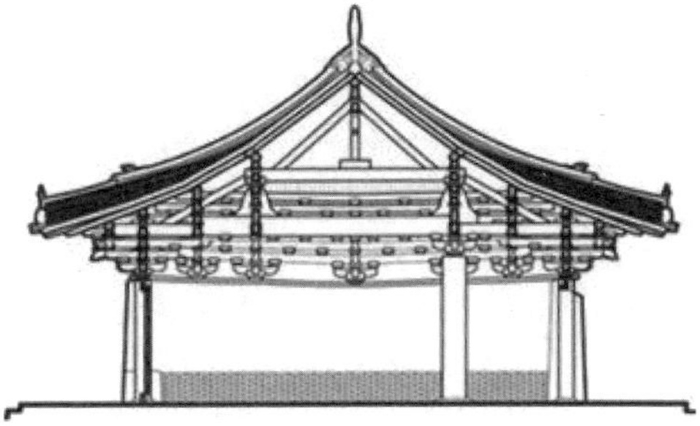

图 5-19　大云院弥陀殿

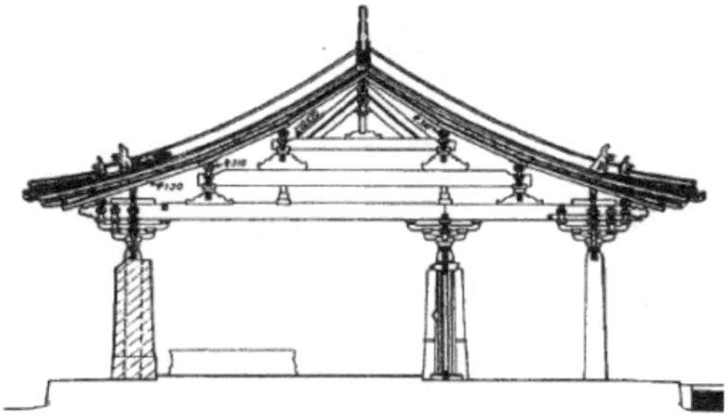

图 5-20　阳泉关王庙正殿

（图片来源：图 5-17 选自马吉宽《平顺龙门寺大雄宝殿勘察报告》、图 5-18 选自网络、图 5-19 选自北京工业大学测试、图 5-20 选自史国亮《阳泉关王庙大殿》）

厅堂类歇山斗栱分析：厅堂类建筑根据檐下斗栱是否使用了下昂也可分为两类：a. 带昂铺作。此类建筑外檐柱头铺根据上部是否使用罗汉枋而定斗栱的做法，图 5-21 中上部无罗汉枋，故使用了偷心造承接上部檐檩。柱头铺作在内部也使用了偷心造做法。两侧的柱头铺作均是为了支撑上部的梁栿。X 椽栿的梁头搁在斗栱上，成为斗栱的衬方头，却并不与斗栱发生明显的拉结关系，仅放置在上部。内柱上的铺作则主要承接四椽栿和乳栿，并且与最近的柱头铺作有拉结关系。而图 5-22 中柱头铺作，承

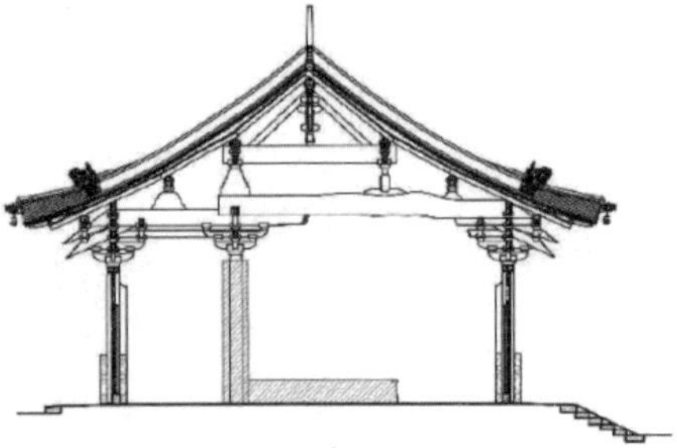

图 5-21　高平游仙寺毗卢殿

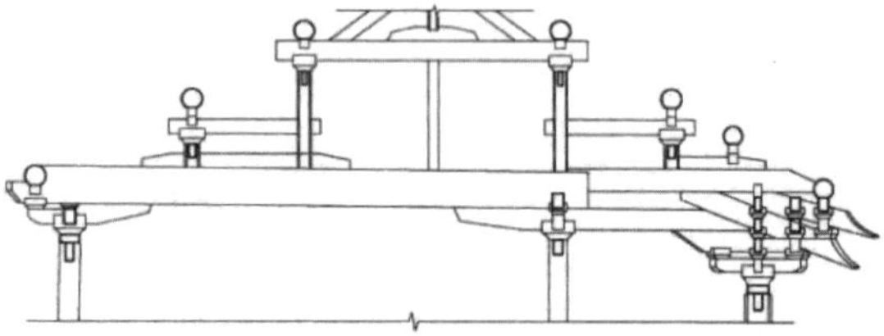

图 5-22　阳城下交汤帝庙后殿

（图片来源：图 5-21 选自李会智《高平游仙寺建筑现状及毗卢殿结构特征》、图 5-22 选自贺大龙《晋东南早期建筑专题研究》）

接上部的罗汉枋和檐槫，两层昂的后尾做平承接椽栿。而殿后的铺作则明显比殿前铺作简单很多，并且殿前的乳栿是压在铺作上，而殿后的四椽栿则是将梁头经过加工成为斗栱的耍头(汤帝庙后殿是寺院的最后一栋建筑,无法看到后檐墙,所以斗栱也从简,恰恰反映出昂的装饰性仅用于人们目力所及处）。两建筑均使用了补间铺作，使用原因却非常简单,仅为了承接上部的檐槫和罗汉枋。而在内部均为偷心造。对于转角铺作,在室外虽然均为计心造，与柱头和补间铺作达成一致，但内部却都是偷心造，仅是为了支撑角梁使用。b. 不带昂铺作（图 5-23、图 5-24）。此类建筑中，铺作不使用昂，仅用两层横、纵方向的栱相互搭接。柱头铺作在室外承接上部檐槫和罗汉枋，在室内部分承接梁栿。不带昂的柱头铺作与带昂的柱头铺作作用一致。而补间铺作和转角铺作也与带昂的柱头铺作建筑相一致。

（2）明清时期歇山中的斗栱作用

明清时期相较早期建筑的模数化进一步提高，最根本的反映就是在斗栱中以平身科坐斗的开口作为模数。此时斗栱的样式和做法也趋于相同，在建筑中的作用也比较单一。用材减小使斗栱更像是有弹性的垫块一般。明清早晚期的檐部斗栱根据受力方

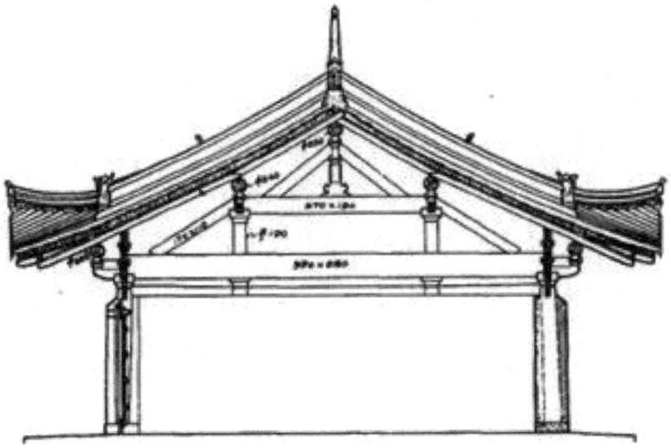

图 5-23　山西平顺天台庵大殿

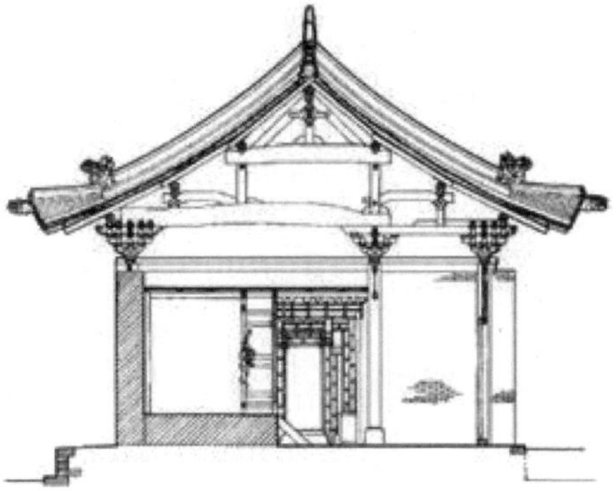

图 5-24　陵川西溪二仙庙前殿

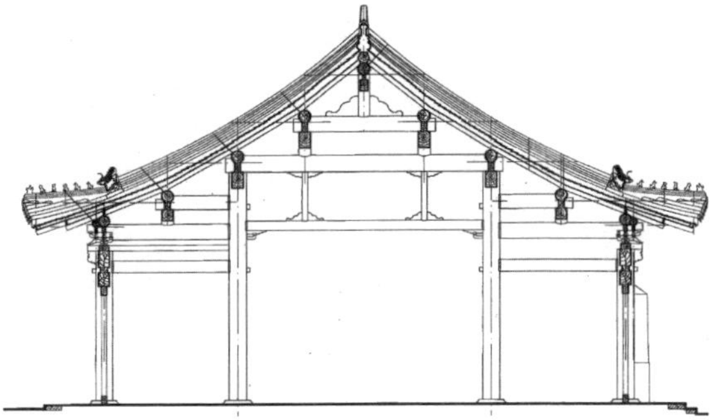

图 5-25　天坛凝禧殿

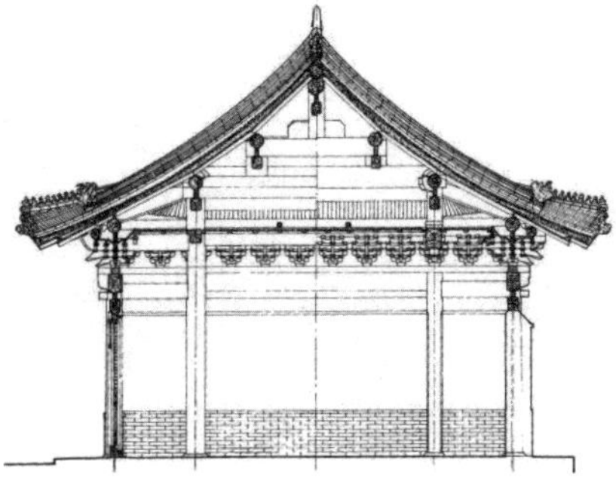

图 5-26　报国寺后殿

（图片来源：图 5-23 来王春波《山西平顺晚唐建筑天台庵》、图 5-24 选自北京交大古建筑公众号，图 5-25、图 5-26 选自北京市古代建筑研究所）

式不同，主要可以分两种为：①翘昂斗栱；②溜金斗栱。

① 翘昂斗栱。此类斗栱在明清时期建筑斗栱中占比最大，种类也最丰富（图 5-25、图 5-26）。现存建筑斗栱多为三、五、七、九踩，并且斗栱在室内和室外均为计心造。位于檐柱上的斗栱主要承接上部的挑檐桁和正心桁以承托屋檐。柱头科斗栱的桃尖梁将檐柱与金柱相互拉结，平身科斗栱则主要通过上部承接的枋将自身与柱头科斗栱连接。角部斗栱承接上部的老角梁和子角梁以及正面和山面的挑檐桁和正心桁，在室内

依旧使用计心造做法。（明代或清早期，平身科斗栱在室内是计心造做法，但在翘的上部承接的多为三浮云单体构件，平身科彼此间并没有枋将其“串”一起。而到了清中、晚期平身科斗栱在室内依旧是计心造做法，但是在翘的后尾上承接的为瓜栱、万栱或令栱，往往上部是承接内拽枋进行拉结。）

② 溜金斗栱。此类斗栱存在于明早期建筑中，其原型可以从前已述及的带昂的宋金斗栱中找到，不同之处在于早期斗栱的昂是真昂，而明清时期为假昂。从形式上看，明代的溜金斗栱样式（图 5-29）像是由用下昂的铺作（图 5-27）和用上昂的铺作（图 5-28）的集合体。溜金斗栱属于平身科斗栱，在室外部分结构形式与翘昂式斗栱一样，起的作用也相似（图 5-30）。而在室内部分均使用偷心造，因为秤杆斜向搭在金檩之下或悬挑金檩，加强了金檩和檐部斗栱及檐檩的联系，促使其成为一体，因此檐部斗栱的室内横向构件和内里拽枋的使用就显得多余。柱头科和角科斗栱的作用及结构与翘昂斗栱的柱头科和角科斗栱的作用及结构相同，在此不再赘述。

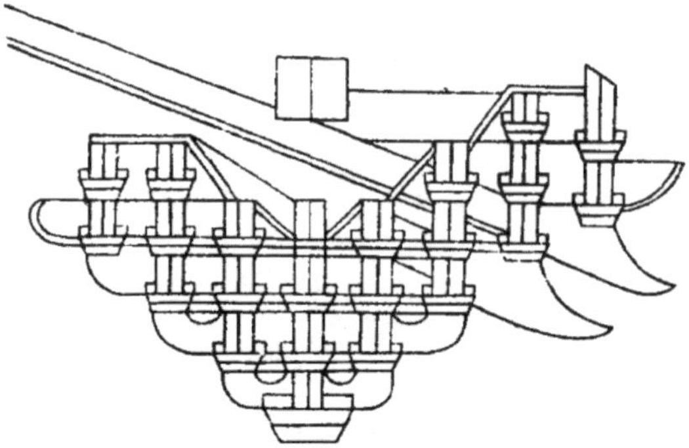

图 5-27　用下昂的铺作

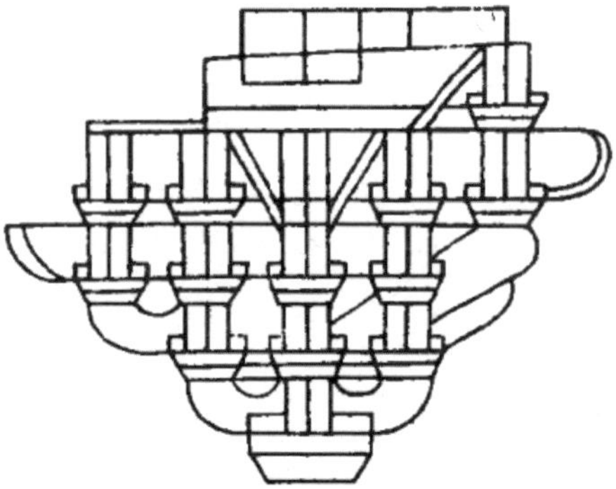

图 5-28　用上昂的铺作

（图片来源：图 5-27、图 5-28 选自李诫《营造法式》）

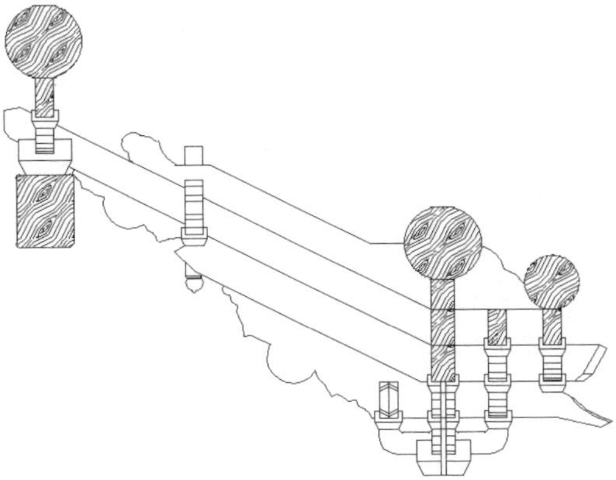

图 5-29　溜金斗栱示例

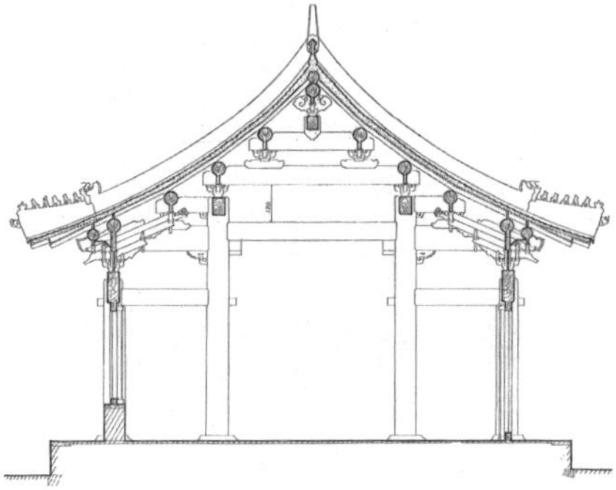

图 5-30　先农坛拜殿

（图片来源：图 5-29 自绘，图 5-30 选自北京市古代建筑研究所）

3. 斗栱早晚期用材分析

明清时期建筑的用材较唐、宋、金时期急剧下降，最能直观反映的就是斗栱的变化。究其原因，主要由三方面造成：①斗栱受力形式变化；②木料短缺；③围护结构变化。

① 斗栱受力形式变化。在早期建筑中梁栿的两段分别搁置在檐部斗栱上或内柱斗栱上部，斗栱各个部分都承担着传递上部荷载的作用，而梁头、屋檐传递的力是分散的，如铺作在室外部分的令栱需要承接上部的檐榡或撩檐枋，而在内的令栱则承接X椽栿（图 5-31）。而明清时期从外观上看，柱头科斗栱与平身科斗栱有明显差异，桃尖梁的梁头做得非常大，这也就使梁头的受弯剪能力要远远大于早期的建筑，使得桃尖梁在受力上是一个独立构件，挑檐桁、正心桁，外拽枋等都汇集到桃尖梁处，也就形成了上述所有构件的荷载都由桃尖梁承担，再将力传递给斗栱。早期建筑斗栱承担分散的力，而明清时期则力变得比较集中，柱头科斗栱的荷载方向也变成了正心传递。早期柱头的杠杆作用和承载的悬挑作用也就没有用武之地，因此斗栱的形式、结构、用材随之发生改变（图 5-32）。

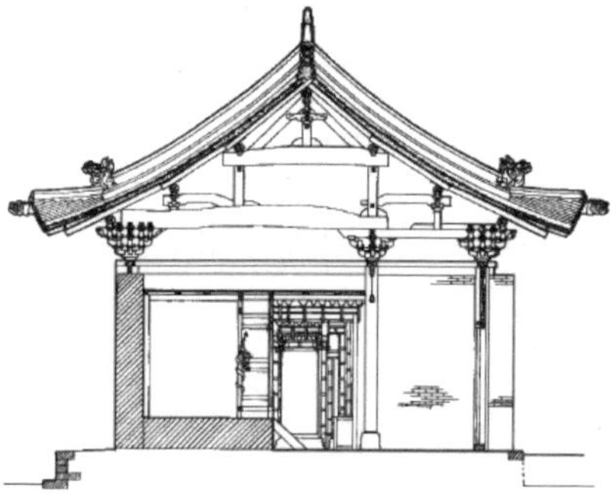

图 5-31　陵川西溪二仙庙前殿

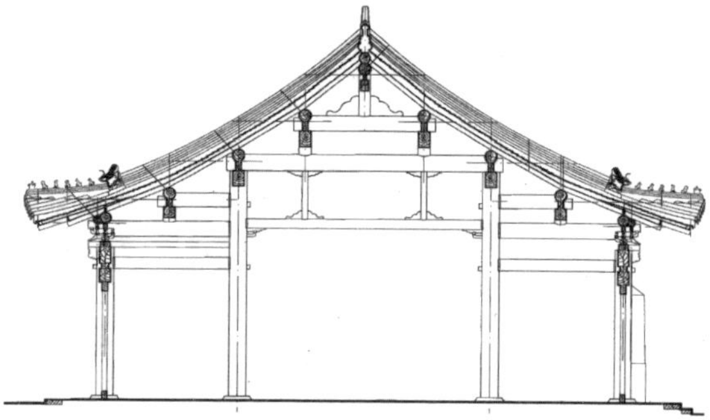

图 5-32　天坛凝禧殿

（来源：图 5-31 选自北京交大古建筑公众号、图 5-32 选自北京市古代建筑研究所）

② 木料短缺。木材短缺问题其实在宋金时期已经开始了，《营造法式》中更是明确记载了如何将一个小尺寸的梁经过“贴”木料使之成为较大尺寸的梁。而明代建国后，大肆营造建筑，这就更加剧了木料消耗。曹振卿在《康熙年间四川采木》[①] 中详细记载了当年为了修缮毁掉的太和殿要四川将木材运到北京，足见其木材的稀少，大体量木材必须从外地采办才行。这也就使得加工构件时不能“大材小用”，也就导致了小型木料的大量使用。

③ 维护结构变化。早期建筑屋檐下围墙材质多为木、土或苇子等，一旦下雨，雨水很容易侵蚀墙体，久而久之就会带来危害。明代制砖技术已大为改变，并且各地的长城也都用砖砌筑，与此同时还出现了很多完全用砖建成的无梁殿建筑[②]。众所周知，砖墙的耐雨能力远远大于土墙，因此通过挑出深远的屋檐保护墙体的作用就没那么重要了。另外，屋檐变小的同时，檐部荷载也随之较少，对斗栱的要求也就没那么

① 曹振卿 . 康熙年间四川采木 [J]. 故宫博物院，1986.

② 潘谷西 . 中国建筑史 [M]. 北京：中国建筑工业出版社，2009.

高，而用于悬挑屋檐的檐下斗栱作用变小了，用材就不需要那么大了。与此同时，这也使室内采光状况变好，大大改善了室内的使用情况。

三、斗栱受力构件分析

斗栱，宋代称为铺作，主要由四种构件组成：斜向的昂（明清时期亦变成了纵向的构件，仅昂嘴部分依旧保持着斜向的样子）、横向的栱（瓜栱、万栱等）、纵向的栱（翘等）、斗类构件等。斗栱是由一层一层的栱通过纵横交叉，层层相叠，彼此之间再辅以小斗间隔而形成的组合构件。而在斗栱中主要起力学作用的构件就是斜向的昂和纵横的栱。

1. 昂的变化探究

昂在早晚期斗栱中充当的角色和起的作用最为明显，并且也是样式变化最多的。《营造法式》第四卷将昂的种类分为五类：下昂、角昂、由昂、插昂和上昂，但是上昂这一做法在现存遗构中遗存较少，且结构特殊，故不在此尽兴讨论。虽然昂的名称和位置都不相同，但其作用却都是增加跳和起到杠杆作用。而在《工程做法》中则根据其位置不同分为头昂、二昂、三昂等，但是其实际作用却都一样，仅是位置不同所以取不同的名字做以区分。

（1）昂的发展演变

昂的前身是由商周时期的大叉手屋架蜕变而来，脱胎于檝[①]，而昂这个名字正式出现的时间却在东汉时期，能够真正反映出昂的实物直到东汉时期才出现（图

① 杨鸿勋．杨鸿勋建筑考古学论文集 [M]. 北京：清华大学出版社，2008.

图 5-33　湖北当阳刘家塚子 M2 出土东汉陶楼

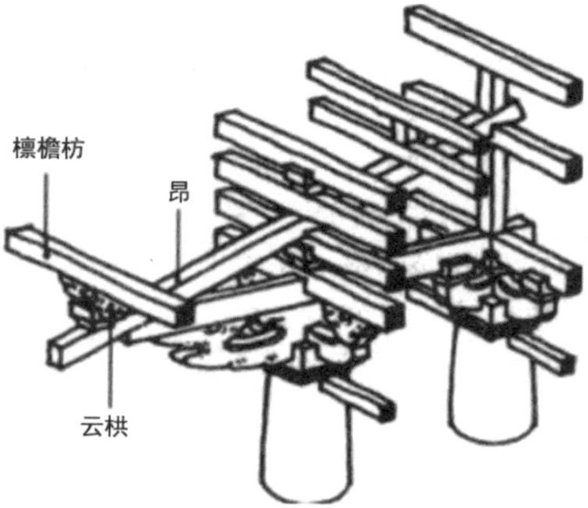

图 5-34　法隆寺金堂斗栱

（图片来源：图 5-33、图 5-34 选自杨鸿勋《杨鸿勋建筑考古学论文集》）

5-33）。此时的昂斜置，上部承接一斗二升的斗栱用于承接屋檐，此时的昂前段并没有经过精细加工，只是将原木稍微经过砍削，昂嘴处的斜面经过加工与上部屋檐成一条直线，以取得视觉上的美观。此种昂的形式还可以从日本的法隆寺金堂（图 5-34）中可以看出，昂经过加工形成了方形，其前端经过了垂直砍杀。由此我们可以推断至迟到南北朝时期，我国还保留着没有昂嘴的形式。昂的进一步发展则是加强了其结构性和美观性。建于 788 年的唐招提寺金堂（图 5-35）此时的昂嘴已经开始有些变化，昂嘴已微微往上弯曲，略带弧度，但是昂的截面依旧与地面垂直。我国现存昂的最早示例是在佛光寺大殿（图 5-36）中，此时昂嘴已是我们熟悉的批竹样式。据此我们可以推断昂嘴已经开始有变化，最迟不晚于唐 788 年，而昂嘴彻底变化晚于 857 年。

唐至金时期，北方建筑的昂多为真昂，在结构中起力学作用。唐至五代时期，建筑宏大、深远，此时的昂嘴多为简单的批竹形式。《营造法式》中解释为：自斗外斜

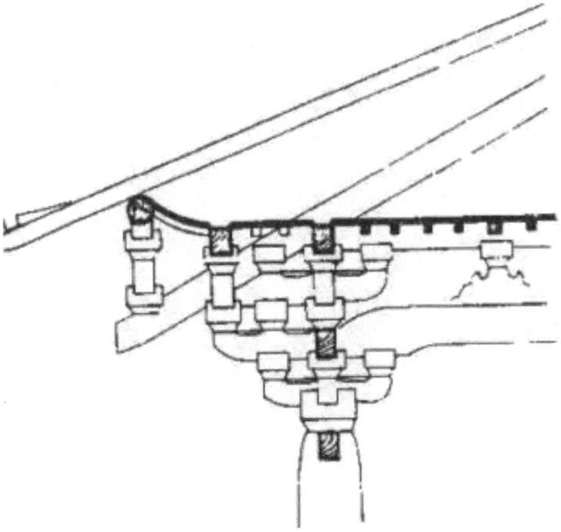

图 5-35　唐招提寺金堂外檐斗栱

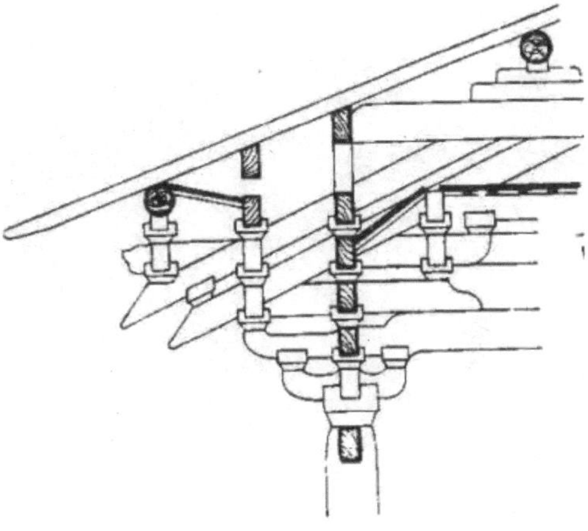

图 5-36　佛光寺大殿外檐斗栱

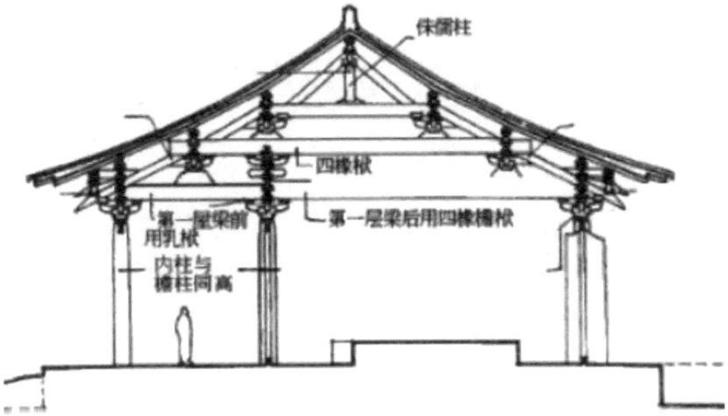

图 5-37　榆次雨花宫

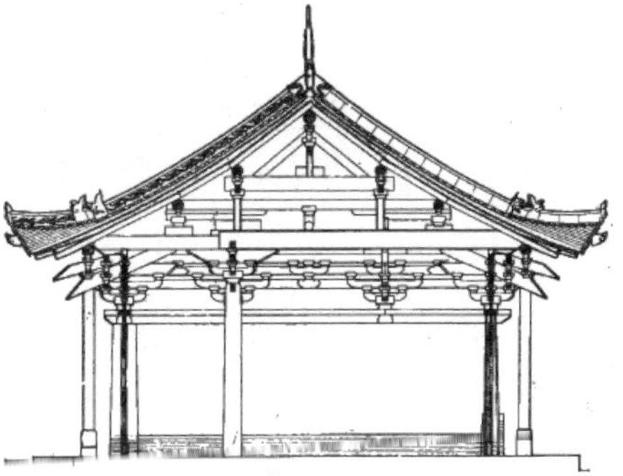

图 5-38　平顺龙门寺大雄宝殿

（图片来源：图 5-35、图 5-36 选自阅读建筑公众号，图 5-37 选自北京交大古建筑公众号、图 5-38 选自马吉宽《平顺龙门寺大雄宝殿勘察报告》）

杀至尖者，其昂面平直，谓之批竹昂①。昂嘴其形式简单大方直接，与建筑的外观形象非常相似（图 5-37、图 5-38）。而到了宋、金时期昂嘴则多为琴面昂形式，《营造法式》记载：自斗外斜杀向下，昂面中𩑶二分，令𩑶势圆和，亦有于昂面上随𩑶加

① 李诫．营造法式 [M]. 北京：商务印书馆，1954.

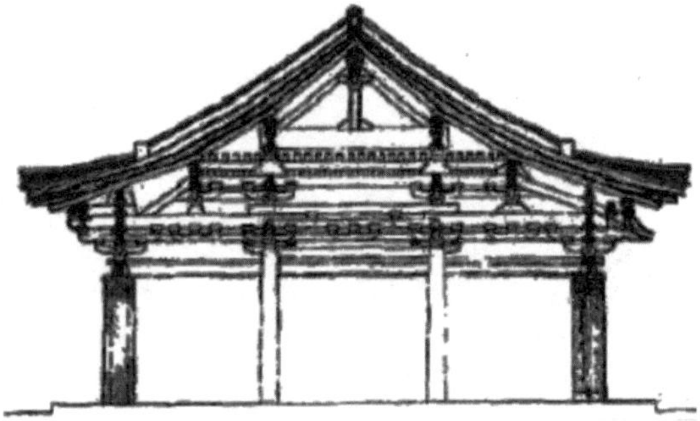

图 5-39　金洞寺转角殿

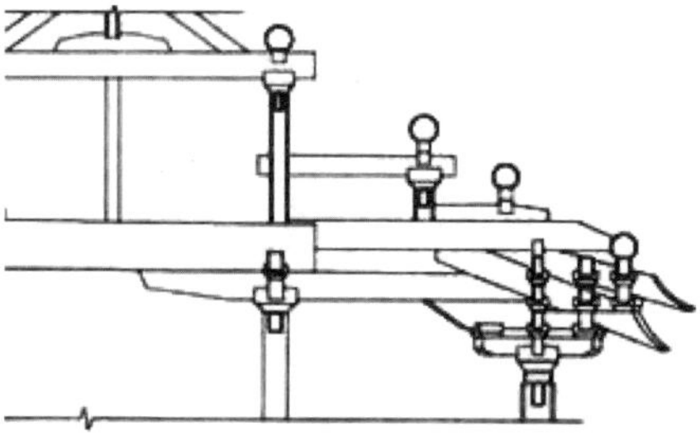

图 5-40　下交汤帝庙后殿

（图片来源：图 5-39 选自李艳蓉《忻州金洞寺转角殿勘察简报》、图 5-40 选自贺大龙《晋东南早期建筑专题研究》）

一分，讹杀至两棱者，谓之“琴面昂”[①]。而从《营造法式》中我们可以看出此时期这两种形式的昂面处理手法并存，并没有对其使用做出局限，全凭匠人发挥，有一定自由度。另外还有将两种昂面结合起来使用的建筑。昂面形式体现出了昂使用上的传承与进步（图 5-39、图 5-40）。

明清时期，斗栱中真昂数量锐减，仅在明代初期溜金斗栱中尚能见到起力学作用的真昂（图 5-41）。到了清代，真昂基本上已销声匿迹，昂的装饰性已远远超过了其力学作用，在斗栱中也只是一个简单受压构件。但是其昂嘴变化却丰富多彩，有延续了宋金时期做法的琴面昂，也有后期我们看到装饰性非常强的昂嘴，如：凤头昂、龙头昂、象鼻昂等（图 5-42 ～图 5-44）。

（2）昂嘴的作用

昂在早期建筑中一直充当着杠杆作用，前段压在檐部斗栱中，承接檐部重量所形成的向下压力和后尾中梁栿所产生的向下压力，杠杆支点则由檐柱上部的柱头枋

① 李诫 . 营造法式 [M]. 北京：商务印书馆，1954.

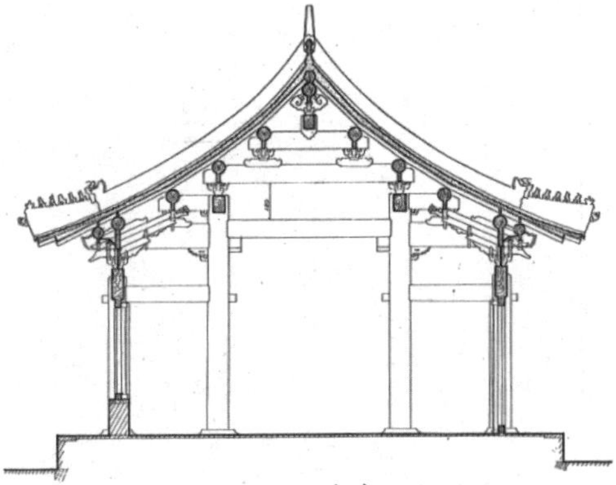

图 5-41　先农坛拜殿

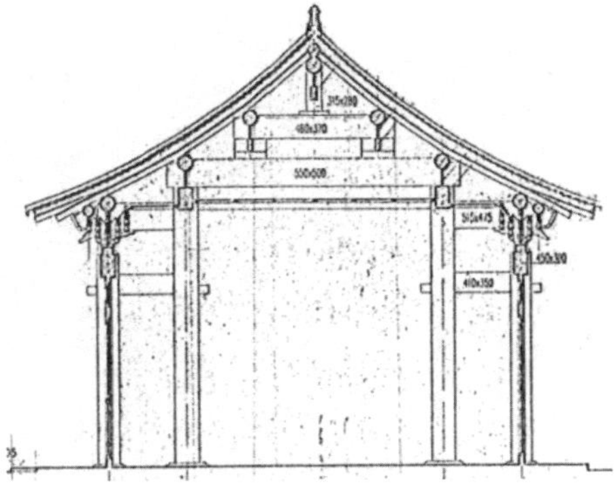

图 5-42　西黄寺大雄宝殿

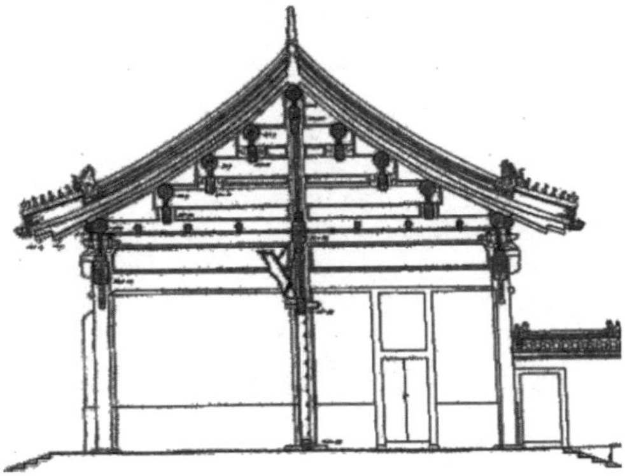

图 5-43　故宫景运门

图 5-44　郏县文庙大成殿外檐斗栱

（图片来源：图 5-41、图 5-42 选自北京市古代建筑研究所，图 5-43 选自《北京城中轴线古建筑实测图集》，图 5-44 自摄）

等构件支撑。也正是因为昂的出现使得同等高度檐口的情况下，降低了铺作层数，增加了稳定性。人们一直将昂作为整体构件来看待它，却并没有正视昂嘴的作用。

长期以来，学术界认为昂嘴就纯粹是装饰性的存在，但对其结构作用却并没有给出合理解释。如果我们仅从装饰性看，就会发现昂嘴的美观作用其实并不那么明显，就像我们前文提及的法隆寺金堂的斗栱（图 5-45），与我国同时期的建筑相比，并

图 5-45　法隆寺金堂的角昂

图 5-46　故宫昭德门

（图片来源：图 5-45 选自 www.sohu.com、图 5-46 自摄）

没有将昂嘴作砍杀处理，但是视觉效果上反而给人以粗犷、健硕之美感，也没显得那么难看。但是若将其与明清时期细密繁稠的檐下下昂相比（图 5-46），反而会觉得无修饰的昂嘴更好看。

那么昂嘴这一构件是否就可以省去不用呢？王天先生对下昂昂嘴的作用进行了讨论[①]。以斜置的昂（图 5-47）和斜置的栱（图 5-48）分别承担上部的相同荷载，经过计算得出：昂的承受能力是实际受到剪力的 1.8 倍，而斜置栱的承受能力是实际受到剪力的 1.1 倍，如果考虑木材的劈裂、皱缩等因素，显然昂的安全系数远比斜栱的安全系数更可靠[②]。由此也可以知道昂相较于斜栱加长的部分增加了受剪面积，使得安全系数提高。而这种做法从日本的法隆寺金堂也可以看出，虽然上部重量已经压在昂上，但是在昂的前段却依旧要多伸出一部分，其目的与我国昂做法的原理都一样。而早期昂嘴根据形式可分为：批竹昂和琴面昂，无论哪种昂面形式，其上部起点都是

①、② 王天．古代大木作静力初探 [M]. 北京：文物出版社，1992.

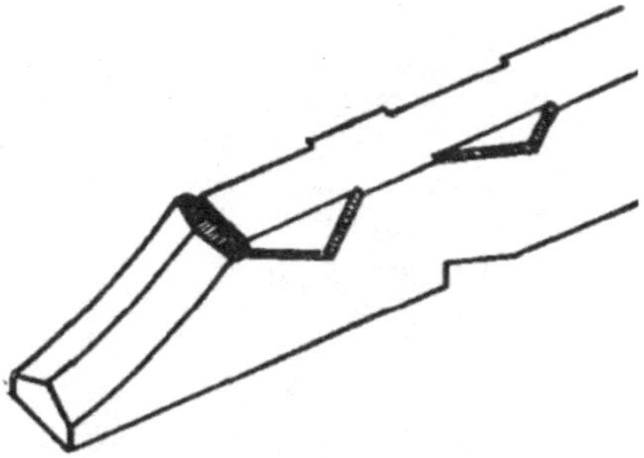

图 5-47　下昂

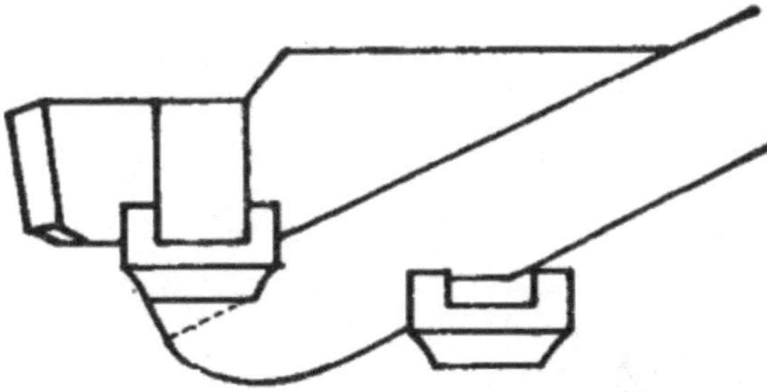

图 5-48　斜置的栱

（图片来源：图 5-47、图 5-48 选自王天《古代大木作静力初探》）

从交互斗开始到昂点。佛光寺大殿中形式较简单，使用了批竹昂样式，昂面平直。而后期建筑为了美观，将昂面稍加修饰起到装饰作用。但是从客观角度看，都增加了增加昂的长度，增强了受剪能力。

由此我们也可以推断出，在斜置的构建中，增长昂头可以加强承载力。但平置构件中昂头是否还有意义？如果以华栱取代下昂，交互斗不产生顺纹剪切力，就没必要设置昂嘴[①]。换言之，就是昂嘴用于加强受剪能力这一技术只在斜置构件中才实际起作用，对于平置的构件无异于多此一举。故此，我们看到的明清建筑中常使用带昂嘴的构件，也无非是为了追寻古例罢了。

2. 栱的变化探究

栱类构件根据其安装角度的不同可分为横栱和斜栱（因斜昂的使用在本书的研究对象中存量较少，并且后期明清建筑实例也较少，为了保证对比的一致性，故不予讨论）。而《营造法式》中根据其安装位置的不同将栱主要分为华栱（清称为翘）、泥

① 王天．古代大木作静力初探 [M]．北京：文物出版社，1992.

道栱（清称为正心瓜栱）、泥道慢栱（清称为正心万栱）、瓜子栱（清称为瓜栱）、令栱（清称为厢栱）、慢栱（清称为万栱）。而角部斗栱则主要是将上述斗栱进行组合，形成转角铺作，正面出跳的栱，在侧面就是横栱[①]。虽然栱安装的方向不同，分为横向和纵向，但都起到了加强横向和上下之间联系的作用，可谓异向异行同作用。故此在本小结中将其归为一类进行讨论。

（1）栱的发展演变

目前我们在实例中能看到最早的横栱形式出现在战国时期文物中（图 5-49），它明确描绘出一斗二升的斗栱形象，弯曲的栱直接搁置在柱头上，此时栱的作用仅是为了增加檩木的承接受力点。在同时期也有在柱头上通过放置一块横木（图 5-50），通过增加柱头受力面积来支撑上部的檩木。在柱头上放置一个垫块的方法，经过不断发展，演变成我们在汉画像砖里看到的柱头上部放置斗形木块（栌）和短木枋（枅）两种形式并存的样式。《说文解字·玉篇》等古籍中都将其归类为欂，由此我们可以知道，这两者虽然名字不同，但确是由一种构件演变而来。如图 5-51 所示，建筑构件经过后期不断发展已经有了我们后期看到的横栱的雏形了。如果将平直的枅和弯曲的枅结合，就会出现我们后期看到的经过砍杀的栱了（图 5-52），由此我们可以推断与其说在后期曲枅的消失，倒不如说是与平直的枅结合，以另外一种形式和样式出现。

杨鸿勋先生推测插栱起源自擎檐柱，之后发展成为插栱。从图 5-53 中我们可以知道插栱起到屋檐悬挑的作用。其实我们转变一下角度，这种形式的插栱也可理解为纵行的栱（早期华栱的雏形），而纵向栱的作用之一就是起支撑和悬挑作用。我们也可从实物中看到纵向斗栱的形象：将纵向悬挑处的栱以搭积木的形式上下排列，

① 梁思成 . 梁思成全集（第七卷）[M]. 北京：中国建筑工业出版社，2001.

图 5-49　山西临淄朗家庄一号墓战国漆盘

图 5-50　河南辉县战国铜鉴

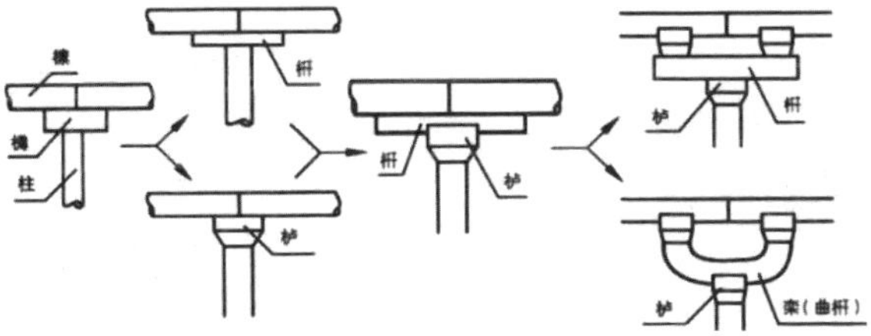

图 5-51　横栱的发展演变

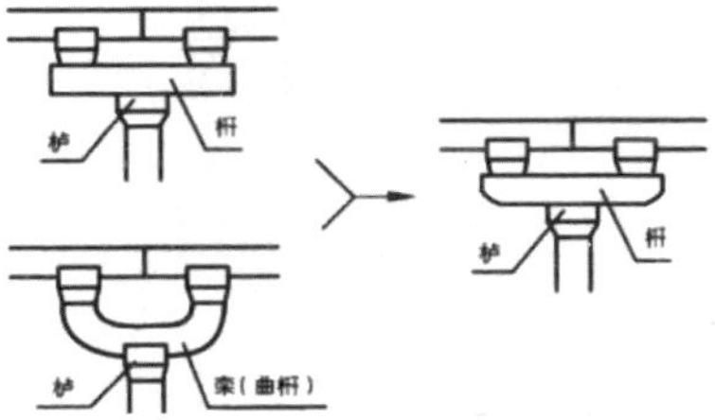

图 5-52　横栱砍杀的由来

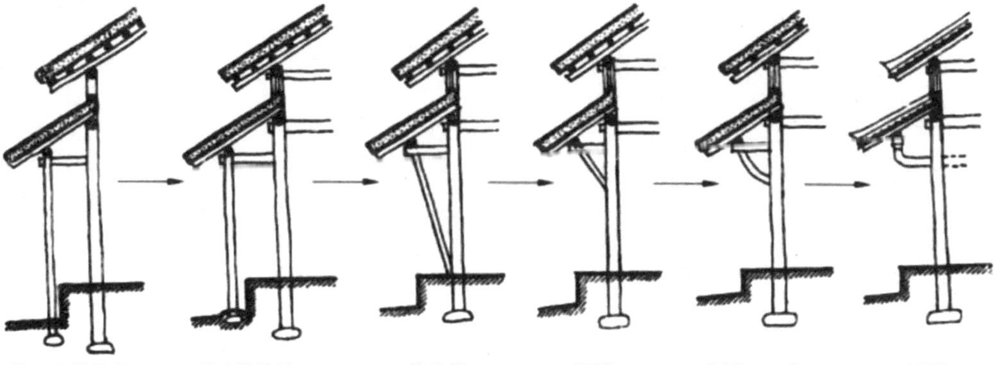

图 5-53　插栱的演变进程

（图片来源：图 5-49～图 5-51 选自杨鸿勋《杨鸿勋建筑考古学论文集》，图 5-52 自绘，图 5-53 选自《杨鸿勋建筑考古学论文集》）

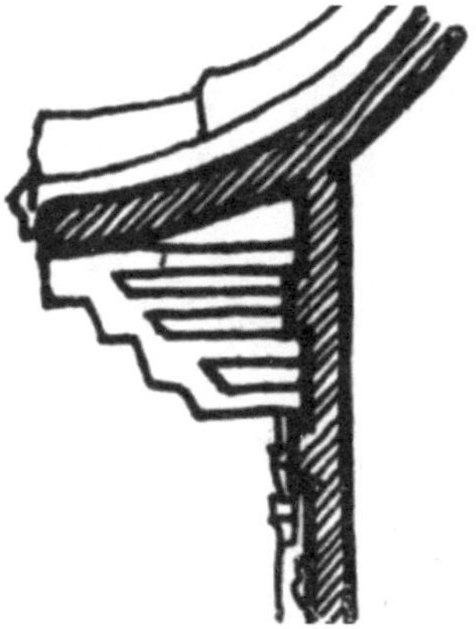

图 5-54 隋代梼杌斗栱

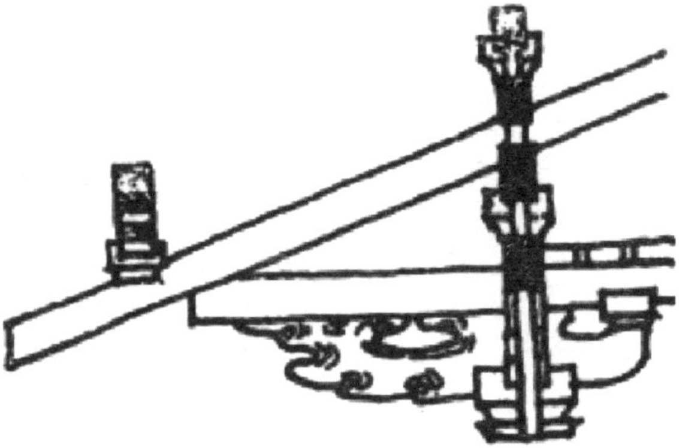

图 5-55 法隆寺金堂

（图片来源：图 5-54、图 5-55 选自《杨鸿勋建筑考古学论文集》）

短木在下长木在上，端头安装垫块，经过层层悬挑，以承托屋檐上的构件。此类型做法在隋代陶楼（图 5-54）和日本建筑（图 5-55）中就有体现。从最早的实物南禅寺大殿到离我们较近的明清建筑，我们可以看出大部分斗栱均是以横向和纵向的栱搭接而来，由此可以了解栱的使用不仅对斗栱很重要，对檐口悬挑同样具有非常重要的作用。

（2）栱的受力研究

在上文栱的发展演变小节中我们猜想，我们所能看到带卷杀的栱是将平直的枅和弯曲的枅结合而成。但是栱的卷杀是否具有意义，我们将在本小节中讨论。

栱作为一个受力构件，根据位置不同充当的角色也不同。当位于柱头上部时，主要承接上部的梁栿，而当在补间时主要承接下昂，起垫块的功能。华栱的长度也是根据铺作层数的多少可以调控，而处于斗栱中缝的泥道栱、泥道慢栱的受力情况与华栱相似，属于受压构件，承接上部压槽枋等构件的重量。令栱属于受压构件，主要承接撩檐枋。而瓜子栱和慢栱相叠使用，承托上部的罗汉枋，保持下昂和华栱稳定。并且

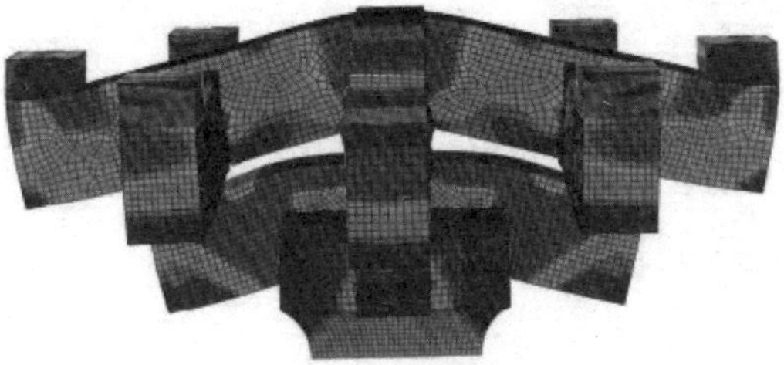

图 5-56　斗栱受力图

（来源：程昕《斗栱的建筑学探讨与力学分析》）

因这两者的使用与否还产生了“计心造”和“偷心造”，足见其负荷很小，对斗栱和梁架的整体稳定性并没有起决定性作用。虽然各种栱类构件所处位置，充当的角色不同，但主要受到的是压力。通过力学分析（图 5-56），在对拱施加压力时，中间部分发生明显变化，而两端则变化较小。换言之就是栱类构件中，中间是主要的受力部分，而两侧则受力较小或不受力，越是靠近栱的中心，其承受的力也就越大。这也就说明不同类型构件的卷杀是绝对不能影响栱的承载力的，因为卷杀部分只能留在栱与斗相交处的外部①。

由此我们可以得出结论，对斗栱中栱类构件的卷杀是有力学依据的。对卷杀的作用则有：①美观。对斗栱的整体形象来说，给人以柔美但又不乏力度的感受。②减负。砍掉了多余的栱类构件木料，留下了具有力学性质的部分，减轻了木材本身的重量。

四、本章小结

在本章节中主要研究了歇山建筑中斗栱的作用。对斗栱及构件的起源进行了探究，

① 程昕 . 斗栱的建筑学探讨与力学分析 [D]. 湘潭大学，2019.

斗栱初期早在西周时期就有实物存在。通过研究《营造法式》和《工程做法》，对斗栱类型进行了大致分类。通过研究斗栱在早晚期建筑中所起的作用，对斗栱从早期到晚期用材越来越小的原因进行了试探性分析。得出了斗栱变小的原因不是一蹴而就的，是历史的发展、现实条件的限制、匠作技术的进步等原因综合得来，不能单方面说斗栱在后期不受力或不起作用。而通过分析斗栱主要受力构件栱和昂，总结出除了昂在斗栱中至关重要的作用，而昂嘴更是昂的点睛之笔。虽然到后期真昂基本不用，但昂及昂嘴的科学性依旧值得我们探究。而栱类构件中的卷杀也并非全无作用，砍杀多余部分但又不伤及重要部分，古人千百年来的智慧令我们深深折服。

结　论

本书主要研究了华北地区单檐歇山建筑大木体系，通过对晚唐至明清时期遗存单檐歇山建筑进行实际调研，多方搜集图纸，利用实物与图纸进行对比研究。将遗存建筑和图纸按照时间、种类、类型进行不同分类，以时间为纵向轴线，以空间为横向轴线，将建筑的特点进行归纳总结。通过研究得出以下几个观点：

一、歇山建筑根据历史上的形象可大致将其分为原始型歇山、发展型歇山、定型型歇山、成熟型歇山。建筑的等级制度反映虽然早在商周时期就已开始，但我们现在看到的最早规定歇山等级的规定是在唐《营缮令》中，此后各朝各代都将歇山作为等级的象征。通过分析壁画、绘画及明器等，宋金时期的歇山建筑类型最为繁多，样式也层出不穷。民间为了使用歇山但又限于当时的礼仪制度，更是将悬山、硬山建筑“改造”成为歇山样式。到了明清时期，歇山建筑的政治色彩和礼制进一步加强，形象也逐渐归为统一。

二、梁架可谓建筑的骨架。早期建筑分为殿堂和厅堂类，因为殿堂类受力没有厅堂牢固，这也就使得在后期发展过程中，殿堂类建筑构造逐渐消失或改变。早期建筑多采用减柱造，建筑面阔是进深的 1 ～ 1.3 倍。梁栿交接形式多为对接和压接。而明清时期则多用满堂柱，建筑面阔是进深的 2 ～ 3 倍，梁的做法为直接插入柱子中或由柱子直接承接梁头，节点变得简单，但力的传导却更加直接。早期建筑将槫下支撑的令栱、慢栱或替木等变长成为襻间的样式，并且要遵循隔间相闪的原则。但明清时期直接用檩垫枋，由此我们可以看出其实枋或垫板系早期的襻间变化而成。通过对比早晚期歇山建筑的样式，从晚期建筑均能看到早期建筑形式和做法的影子。

三、角梁、踩步金、顺趴梁是歇山建筑山面构架的主要受力构件，翼角椽的搭接也是其独有形式。对角梁的搭接来说，明清时期的插金法、扣金法分别延续了早期建筑角梁搭接在下平槫上和角梁搭接在下平槫下的做法。明清时期踩步金必定是承接梁架的，而早期建筑中使用系头栿（踩步金）却有可能是别的作用，虽然作用可能不同，但踩步金承接檐椽这一作用确是一脉相承。顺、趴梁（丁栿）的作用在早晚期的建筑中呈明显的延续性，但承接山面的屋面荷载，并不支撑山面梁架这种做法却是早期建筑所特有，在明清建筑中并没有见到。关于歇山建筑翼角椽的排布，早期翼角椽子的搭接方式为平行式、平行 + 斜列式、平行 + 辐射式和扇形辐射式，而明清时期的翼角椽子搭接则是扇形辐射式、平行 + 斜列式。由此我们看出，椽子的搭接是在一定程度上延续了早期方式，并且进行了重新组合，进行了创新。

四、斗栱作为中国建筑的身份象征，初期早在西周时期就有实物存在，之后经过千百年发展，斗栱也一直处于力学性和装饰性的博弈中。变化进程为：纯力学结构→力学 + 装饰（力学性大于装饰性）→力学 + 装饰（力学性等于装饰性）→力学 + 装饰（力学性小于装饰性）。但是斗栱在建筑中起的作用无论进步也好，退步也罢，都是社会发展到一定程度的结果，不能以偏概全。

参考文献

[1] 王璞子 . 清工部颁布的《工程做法》[J]. 故宫博物院院刊，1983（01）：49 ～ 55.

[2] 孙大章 . 中国古代建筑史 (清代建筑)[M]. 北京：中国建筑工业出版社，2009.

[3] William Chambers. Designs of Chinese Buildings，Furniture，Dresses，Machines，And Utensils[M]. London： ETH-Bibliothek Zürich，1757.

[4] James Fergusson. A History of Indian and Eastern Aarchitecture[M]. London：John Murray，1891.

[5] Joseph Edkins. Chinese architecture[J]. Asian East Society North China Branch Monthly Report，1890.

[6] BanisterFletcher.A History of Architecture on the Comparative Method[M]. 5ed.London：B.T.Batsford，1905：634 ～ 651.

[7] Stephen W Bushell. Chineseart[M]. London：Rani Kapoor Cosmo Publications，1910：49 ～ 70.

[8] Ernst Boerschmann. Chinesische architektur 2V01[M]1. Berlin：Verlag Ernst Wasmuth，1926.

[9] W. Perceval Yetts. Writingson Chinese Architecture. 1927，50（288）：116 ～ 131.

[10] Osvald Siren. Ahistory of early Chineseare[M]. London：Ernest Benn，Limited Bouverie House，1930.

[11] 伊东忠太、小川一真 . 清国北京皇城写真帖 [M]. 日本东京帝室博物馆，1906.

[12] 伊东忠太、土屋纯一 . 北京皇城建筑装饰 [M]. 北京：学苑出版社，2017.
[13] 伊东忠太 . 中国建筑史 [M]. 上海：商务印书馆，1937.
[14] 常盘大定 . 中国佛教史迹踏查记 [M]. 中国佛教史迹踏查记刊行会，1938.
[15] 常盘大定 . 中国佛教史迹 [M]. 北京：中国画报出版社，2018.
[16] 关野贞 . 辽金建筑及其佛像 [M]. 东京：东方文化学院东京研究所，1934.
[17] 村田治朗 . 大同大华严寺 [M]. 佛像建筑写真展，1943.
[18] 关野贞 . 满洲的古建筑和古坟 [J]. 美术研究，1933.
[19] Kyuke H，Kusunoki T，Yamaoto M，et al. Shaking tabletests of ‘MASUGUMI’ used in traditional wooden architectures[C]. In:10th World Conferenceon Timber Engi-neering，Miyazaki，2008.
[20] Akihisa Kitamor，Kiho Jung，Ivon Hassel，et al. Mechanical analysis of lateral load-ing behavior on Japanese Traditional frame structure depending on the vertical load[J]. WCTE2010，1 ～ 9.
[21] VILLARJR，GUATTAM，VIDALP et al. Analysis of the stress state at the cogging joint in timber structures[J]. Biosystems engineering，2007，96（1）：79 ～ 90.
[22] KATOY，KOMATSU K. Strength and deformation of semi-rigid timber frames depending on the embedment resistance of timber[J]. Wood Research，2000，87：39 ～ 41.
[23] 梁思成 . 图像中国建筑史 [M]. 天津：百花文艺出版社，2001.
[24] 刘敦桢 . 中国古代建筑 [M]. 北京：中国建筑工业出版社，1984.
[25] 潘谷西 . 中国建筑史 [M]. 北京：中国建筑工业出版，2009.
[26] 刘叙杰、傅熹年等 . 中国古代建筑史 [M]. 北京：中国建筑工业出版社，2003.
[27] 梁思成 . 清式营造则例 [M]. 北京：清华大学出版社，2006.

[28] 李百进 . 唐风建筑营造 [M]. 北京：中国建筑工业出版，2015.
[29] 郭华瑜 . 明代官式建筑大木作 [M]. 南京：东南大学出版社，2005.
[30] 马炳坚 . 中国古建筑木作营造技术 [M]. 北京：科学出版社，1991.
[31] 梁思成 . 营造法式注释 [M]. 北京：中国建筑工业出版社，1983.
[32] 陈明达 .《营造法式》词解 [M]. 天津：天津大学出版社，2010.
[33] 潘谷西，何建中 .《营造法式》解读 [M]. 南京：东南大学出版社，2005.
[34] 梁思成 . 清式营造则例 [M]. 北京：中国建筑工业出版社，1981.
[35] 王璞子 .《工程做法》注 [M]. 北京：中国建筑工业出版社，1995.
[36] 姜铮 . 山西省长子县崇庆寺千佛殿实测尺度与设计技术分析 [J]. 建筑史，2018（01）：53 ～ 78.
[37] 李会智，高天 . 山西晋城青莲寺史考 [J]. 文物世界，2003（01）：24 ～ 32.
[38] 徐怡涛，苏林 . 山西长子慈林镇布村玉皇庙 [J]. 文 物，2009（06）：87 ～ 96，98.
[39] 李超 . 明庆陵祾恩门及祾恩殿复原研究 [D]. 北京建筑大学，2019.
[40] 汤艳杰 . 试论明清建筑中的歇山顶 [J]. 重庆建筑，2017，16（09）：11 ～ 15.
[41] 王天 . 中国古代大木作静力初探 [M]. 北京：文物出版社，1992.
[42] 程昕 . 斗栱的建筑学探讨与力学分析 [D]. 湘潭大学，2019.
[43] 王丹丹 . 歇山式殿堂古建筑结构动力性能研究 [D]. 北方工业大学，2017.
[44] 申大魁 . 中国地理区域划分的演变研究 [J]. 西南农业大学学报（社会科学版），2012，10（07）：224 ～ 226.
[45] [明] 宋濂 . 元史 [M]. 北京：中华书局，1976，4.
[46] [清] 毕沅 . 续资治通鉴 [M]. 上海古籍出版社，1987，5.
[47] 梁思成 . 蓟县独乐寺观音阁山门考 [J]. 中国营造学社汇刊，1932.
[48] 王其亨 . 歇山沿革试析——探骊折扎之一 [J]. 古建园林技术，1991（01）：

29 ～ 32+64.
[49] 杨厚礼等．江西清江营盘里遗址发掘报告[J]. 考古，1962（04）：172 ～ 181+4 ～ 7.
[50] 敦煌研究院主编．敦煌石窟全集·建筑画卷[M]. 北京：商务印书馆，2001.
[51] 向东．“行云却在行舟下，疑是湖中别有天”——中国古代建筑中庑殿与歇山之“等级”辨析[J]. 建筑学报，2011（S2）：66 ～ 71.
[52] 梁思成．梁思成全集（第七卷）[M]. 北京：中国建筑工业出版社，2001.
[53] 张卓远，王歌．豫南歇山顶建筑二式[J]. 古建园林技术，2011（02）：12 ～ 14.
[54] [春秋]左丘明．左传·桓公十年[M]. 广州：花城出版社，2019.
[55] [宋]宋祁，欧阳修．新唐书[M]. 北京：中华书局，1975.
[56] [唐]唐会要[M]. 上海：上海古籍出版社，2012.
[57] [唐]李林甫．唐六典[M]. 北京：中华书局，2014.
[58] [宋]吕夷简．天圣令[M]. 北京：国家图书馆出版社，2013.
[59] [明]申时行．明会典[M]. 北京：中华书局，1989.
[60] [东汉]刘熙．释名·释宫室[M]. 北京：中华书局，2016.
[61] 郭黛姮．中国古代建筑史（第三卷）[M]. 北京：中国建筑工程出版社，2003.
[62] 刘娟．论清朝时期的建筑绘画[D]. 福建师范大学，2005.
[63] 梁思成．蓟县独乐寺观音阁山门考[M]. 中国营造学社汇刊，1932.
[64] 祁英涛，柴泽俊．南禅寺大殿修复[J]. 文物，1980（11）：61 ～ 75，102.
[65] 贺大龙．山西芮城广仁王庙唐代木构大殿[J]. 文物，2014（08）：69 ～ 80.
[66] 王春波．山西平顺晚唐建筑天台庵[J]. 文物，1993（06）：34 ～ 43，101.
[67] 刘畅，刘梦雨，王雪莹．平遥镇国寺万佛殿大木结构测量数据解读[A]//. 王贵祥主编．中国建筑史论汇刊（第五辑）[C]. 北京：中国建筑工业出版社，2012（5）：

101 ～ 148.
[68] 贺大龙 . 潞城原起寺大雄宝殿年代新考 [J]. 文物，2011（01）：59 ～ 74.
[69] 贺大龙 . 长治五代建筑新考 [M]. 北京：文物出版社，2008.
[70] 徐怡涛，苏林 . 山西长子慈林镇布村玉皇庙 [J]. 文物，2009（06）：87 ～ 96，98.
[71] 徐怡涛 . 河北涞源阁院寺文殊殿建筑年代鉴别研究 [J]. 建筑史论文集，2002，16（02）：82 ～ 94，291.
[72] 徐扬，刘畅 . 高平崇明寺中佛殿大木尺度设计初探 [J]. 中国建筑史论文刊，2013（02）：257 ～ 279.
[73] 李震，徐千里，刘志勇 . 济渎庙寝宫建筑研究 [J]. 华中建筑，2003（06）：95 ～ 98.
[74] 李会智，李德文 . 高平游仙寺建筑现状及毗卢殿结构特征 [J]. 文物世界, 2006(05)：31 ～ 38.
[75] 姜铮 . 山西省长子县崇庆寺千佛殿实测尺度与设计技术分析 [J]. 建筑史, 2018（01）：53 ～ 78.
[76] 张博远，刘畅，刘梦雨 . 高平开化寺大雄宝殿大木尺度设计初探 [J]. 建筑史，2013（02）：70 ～ 83.
[77] 李玉民，刘宝兰 . 晋城冶底岱庙天齐殿建筑与艺术风格浅析 [J]. 文物世界，2008（06）：50 ～ 54.
[78] 李会智，高天 . 山西晋城青莲寺史考 [J]. 文物世界，2003（1）：24 ～ 32.
[79] 李艳蓉，张福贵 . 忻州金洞寺转角殿勘察简报 [J]. 文物世界，2004（06）：38 ～ 41.
[80] 马吉宽 . 平顺龙门寺大雄宝殿勘察报告 [J]. 文物季刊，1992（04）：22 ～ 28.
[81] 刘畅，孙闯 . 少林寺初祖庵实测数据解读 [J]. 中国建筑史论汇刊，2009：

129 ～ 157.
[82] 马吉宽 . 陵川北吉祥寺前殿维修设计综述 [J]. 文物世界，2007（05）：70 ～ 75.
[83] 刘畅，姜铮，徐扬 . 山西陵川龙岩寺中央殿大木尺度设计解读 [J]. 建筑史，2016（01）：8 ～ 24.
[84] 李会智，赵曙光，郑林有 . 山西陵川西溪真泽二仙庙 [J]. 文物季刊，1998（02）：4 ～ 13，15 ～ 30.
[85] 山西省政协文史委 . 崇福寺弥陀殿 [J]. 文史月刊，2015（08）：2.
[86] 李有成，廉考文 . 繁峙县岩山寺文殊殿 [J]. 古建园林技术，1986（04）：49 ～ 57.
[87] 山西省文物局 . 晋祠献殿 [J]. 文物世界，1996（01）：46.
[88] 肖迎九 . 清源文庙大成殿建筑特征分析 [J]. 文物世界，2011（04）：38 ～ 42.
[89] 朱向东，姚晓 . 商汤文化对晋东南宋金祭祀建筑的影响——以下交汤帝庙为例 [J]. 华中建筑，2011，29（01）：157 ～ 161.
[90] 山西建筑业协会 . 山西建筑史（古代卷）[M]. 中国建筑工业出版社，2016：125.
[91] 王璞子 .《工程做法》注释 [M]. 北京：中国建筑工业出版社，1995.
[92] [清] 工程做法 [M]. 北京：化学工业出版社，2018.
[93] 孙大章 . 中国古代建筑史（第五卷）[M] . 北京：中国建筑工业出版社，2002.
[94] 张十庆 . 从建构思维看古代建筑结构的类型与演化 [J]. 建筑师，2007（02）：168 ～ 171.
[95] 杨鸿勋 . 杨鸿勋建筑考古论文集 [M]. 北京：清华大学出版社，2008.
[96] 谢启伟 . 浅谈斗栱的历时性特征 [J]. 城市建筑，2014（06）：348.
[97] 潘谷西 . 中国建筑史 [M]. 北京：中国建筑工业出版社，2009.
[98] 杨鸿勋 . 杨鸿勋建筑考古学论文集 [M]. 北京：清华大学出版社，2008.
[99] 王天 . 古代大木作静力初探 [M]. 北京：文物出版社，1992.

[100] 故宫博物院、中国文化遗产研究院．北京城中轴线古建筑实测图集 [M]. 北京：文物出版社，2017.

[101] 王世仁．宣南鸿雪图志 [M]. 北京：中国建筑工业出版社，2002：105.

[102] 孟超，刘妍．晋东南歇山建筑的梁架做法综述与统计分析——晋东南地区唐至金歇山建筑研究之一 [J]. 古建园林技术，2008（02）：3 ～ 9+40.

[103] 王璞子．《工程做法》注释 [M]. 北京：中国建筑工业出版社，1995.

[104] 成丽．宋《营造法式》研究史初探 [D]. 天津大学，2010.

[105] 曹雪．襻间考 [D]. 天津大学，2012.

[106] 孙大章．中国古代建筑史（第五卷）[M]. 北京：中国建筑工业出版社，2002：419.

[107] 王贵祥．中国古建筑测绘十年：清华大学建筑学院测绘图集（2000 ～ 2010）（上）[M]. 北京：清华大学出版社，2011：132 ～ 141.

[108] 马炳坚．中国古建筑木作营造技术 [M]. 北京：科学出版社，1991.

[109] 潘谷西，何建中．《营造法式》解读 [M]. 南京：东南大学出版社，2005.

[110] 姜铮．唐宋歇山建筑转角做法探析 [A]. 浙江省文物考古研究所，宁波市保国寺古建筑博物馆编．宁波保国寺大殿建城 1000 周年学术研讨会暨中国建筑史学分会 2013 年论文集 [C]. 北京：科学出版社，2015：66 ～ 83.

[111] [战国] 荀子．荀子．劝学 [M]. 长春：吉林出版集团有限公司，2011.

[112] [汉] 许慎．说文 [M]. 桂林：漓江出版社，2018.

[113] [北宋] 陈彭年，丘雍．广韵 [M]. 上海：商务印书馆，1939.

[114] [宋] 李诫．营造法式 [M]. 北京：商务印书馆，1954.

[115] 王效青．中国古建筑术语辞典 [M]. 太原：山西人民出版社，1996.

[116] [春秋] 诗经 [M]. 北京：中华书局，2006，09.

[117] 贺大龙．晋东南早期建筑专题研究 [M]. 北京：文物出版社，2015.

以下图书已经出版，敬请关注

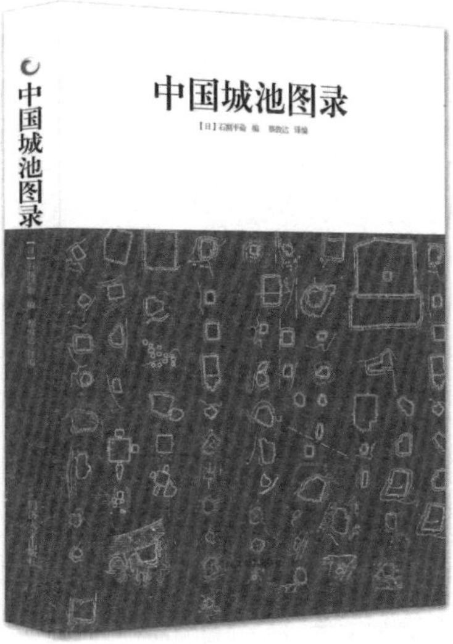

《中国城池图录》（精装）

（日）石割平造编，蔡敦达译编

ISBN 978-7-5608-7133-2，296p

215mm × 285mm，定价：240.00 元

原书 1940 年前后由侵华日军“支那派遣军”司令部刊行，较详细介绍了华北、华中、华东、中南等地 100 余座城郭，基本以 1/10000 平面图、剖面图等标示城门位置、城内主要街道走向、城墙壕沟和护城河及桥梁位置等。部分城郭还标记有城内住户和人口数。标示尤为详细的是城门结构、城墙厚度和护城河深度。图中详细记载了有关城郭都市整体结构的各种数据和信息，并有多幅 1/500 详图。这些城郭多已不存，书中保留的这部分资料对于研究城市史、建筑史等，无疑具有重要的参考价值。

详情垂询，请 E-mail：clq8384@126.com